碳化硅颗粒增强镁基层状材料：
构建、组织与力学性能

邓坤坤　王翠菊　聂凯波　史权新　著

科学出版社
北京

内 容 简 介

本书针对颗粒增强镁基复合材料（PMMCs）轧制成形难的问题，采用挤压复合的方式将"软质"Mg 合金引入 PMMCs 中，开发了颗粒增强镁基层状材料，依靠 Mg 合金缓解 PMMCs 在轧制成形过程中产生的应力集中，实现了 PMMCs 薄板的制备与成形。本书共分 8 章，总结了作者在颗粒增强镁基层状材料的挤压复合成形、轧制成形、组织与力学性能控制等方面的研究工作，探讨了 PMMCs 薄板的层结构形成规律、强化行为和断裂机制。

本书可供从事金属基复合材料的研究人员参考，也可作为高等学校、科研机构及企业从事材料科学与工程、冶金工程等相关领域的科技人员的参考书。

图书在版编目（CIP）数据

碳化硅颗粒增强镁基层状材料：构建、组织与力学性能 / 邓坤坤等著. -- 北京：科学出版社，2025.5. -- ISBN 978-7-03-081948-2

Ⅰ. TB333.1

中国国家版本馆 CIP 数据核字第 2025ZE7773 号

责任编辑：霍志国　李丽娇/责任校对：杜子昂
责任印制：赵　博/封面设计：东方人华

科学出版社 出版
北京东黄城根北街 16 号
邮政编码：100717
http://www.sciencep.com

北京华宇信诺印刷有限公司印刷
科学出版社发行　各地新华书店经销
*
2025 年 5 月第　一　版　开本：720×1000　1/16
2025 年 7 月第二次印刷　印张：9 1/2
字数：192 000
定价：108.00 元
（如有印装质量问题，我社负责调换）

前 言

针对颗粒增强镁基复合材料(PMMCs)强度/模量同韧性不匹配的问题，本书将塑韧性好的镁合金引入PMMCs内，制备出强韧性兼顾的PMMCs/Mg层状材料，开展了PMMCs/Mg层结构的构建及强韧化机理等方面的研究工作。

研究结果表明，PMMCs/Mg经过退火后，Mg合金层内孪晶消失，完全由大的再结晶晶粒取代。因SiC_p对再结晶形核的促进作用及晶界迁移的阻碍作用，PMMCs层晶粒尺寸有所降低。随退火时间的延长，Mg合金层和PMMCs层的晶粒均有所长大，析出相的数量显著降低；PMMCs/Mg为典型的轧制织构，退火并不能改变织构类型，但使织构强度弱化。随着层数的增加，PMMCs的含量降低，PMMCs/Mg的屈服强度(YS)降低，但伸长率大幅提高。伴随着层厚比的增大，PMMCs含量提高，PMMCs/Mg的YS增大，伸长率降低，Mg合金层纳米硬度随之增大。

层结构参数对PMMCs/Mg的加工硬化行为有重要影响，其加工硬化率随层数的增加而降低。伴随着层数的增加，PMMCs/Mg的松弛极限和应力下降速率都有所降低。随层厚比的增加，位错增殖的速度提高，应变能增大，有利于位错回复，加速了PMMCs/Mg的软化。在室温拉伸变形过程中，Mg合金层可通过层界面缓解PMMCs层的应力集中，提高PMMCs/Mg的韧性。Mg合金层的协调变形能力与层结构参数有关。

裂纹主要在PMMCs/Mg中PMMCs层中萌生，在拉伸变形过程中，PMMCs层更容易发生应力集中，在高应力的作用下，颗粒与基体发生界面脱粘产生微裂纹，微裂纹彼此之间相互连接形成主裂纹贯穿PMMCs层；层界面的存在可以有效阻碍PMMCs中裂纹的扩展。当裂纹由PMMCs层扩展到层界面时，层界面使裂纹的扩展方向发生偏转，裂纹尖端发生钝化；层界面的开裂有利于消耗裂纹扩展的能量，从而延迟PMMCs/Mg的断裂，提高其断裂韧性。项目的开展可为PMMCs的强韧化调控提供一条新思路，对推动PMMCs的规模化工程应用，具有重要的理论意义和应用价值。

本书部分工作得到国家自然科学基金(项目号：52271109和52001223)、国家重点研发计划青年科学家项目(2021YFB3703300)、山西省科技重大专项计划"揭榜挂帅"项目(202201050201012)、中央引导地方科技发展资金项目(YDZJSX2021B019)和山西省自然科学基金(202403021211064)的资助,在此表示感谢。感谢硕士研究生赵聪铭、张轩昌、刘禹在编撰过程中的辛苦工作。

作 者

2025 年 1 月于太原理工大学

目 录

前言

第1章 绪论 ··· 1
1.1 概述 ··· 1
1.2 颗粒增强镁基复合材料 ·· 3
1.3 层状金属复合材料 ·· 5
1.4 层状金属复合材料的强韧化机制 ··· 10
1.4.1 层状金属复合材料的强化机制 ·· 10
1.4.2 层状金属复合材料的塑性变形机制 ································ 11
1.5 本书主要内容 ··· 12
参考文献 ··· 13

第2章 碳化硅增强镁基层状材料的挤压复合成形 ····························· 18
2.1 引言 ··· 18
2.2 挤压复合 SiC 增强镁基层状材料的制备工艺 ··························· 19
2.3 挤压复合 SiC 增强镁基层状材料的显微组织 ··························· 20
2.4 挤压复合 SiC 增强镁基层状材料的界面演化规律 ····················· 26
2.5 挤压复合 SiC 增强镁基层状材料的力学性能 ··························· 28
2.6 预固溶对挤压复合 SiC 增强镁基层状材料的影响规律探讨 ······· 31
2.6.1 预固溶挤压复合 SiC 增强镁基层状材料的显微组织 ········ 31
2.6.2 预固溶挤压复合 SiC 增强镁基层状材料的力学性能 ········ 35
2.6.3 预固溶对挤压复合 PMMCs/AZ91 组织与力学性能影响规律的讨论 ··· 38
2.7 小结 ··· 42
参考文献 ··· 43

第3章 碳化硅颗粒增强镁基层状材料的轧制成形 ····························· 45
3.1 引言 ··· 45
3.2 SiC 增强镁基层状材料的轧制工艺 ·· 45

3.3 轧制成形 SiC 增强镁基层状材料的显微组织 ·································· 49
3.4 轧制成形 SiC 增强镁基层状材料的力学性能 ·································· 54
3.5 小结 ··· 57
参考文献 ·· 57

第 4 章 碳化硅增强镁基层状材料的组织与力学性能 ·································· 58
4.1 引言 ··· 58
4.2 层结构参数设计 ··· 58
4.3 层厚比对 PMMCs/Mg 组织与力学性能的影响 ······························· 59
　　4.3.1 层厚比对 PMMCs/Mg 显微组织的影响 ····························· 60
　　4.3.2 层厚比对 PMMCs/Mg 力学性能的影响 ····························· 65
4.4 层数对 PMMCs/Mg 组织与力学性能的影响 ··································· 70
　　4.4.1 层数对 PMMCs/Mg 显微组织的影响 ································· 70
　　4.4.2 层数对 PMMCs/Mg 力学性能的影响 ································· 77
4.5 小结 ··· 82
参考文献 ·· 82

第 5 章 碳化硅增强镁基层状材料层结构形成规律 ·································· 84
5.1 引言 ··· 84
5.2 宽幅面 PMMCs/Mg 的制备 ··· 84
5.3 PMMCs/Mg 的层界面形成规律 ·· 86
　　5.3.1 层数对 PMMCs/Mg 层界面的影响 ····································· 87
　　5.3.2 层厚比对 PMMCs/Mg 层界面的影响 ································· 91
5.4 关于 PMMCs/Mg 的层界面形成规律的一点讨论 ·························· 96
　　5.4.1 层数作用下 PMMCs/Mg 层界面的形成规律 ···················· 96
　　5.4.2 层厚比作用下 PMMCs/Mg 层界面的形成规律 ················ 98
5.5 小结 ··· 99

第 6 章 碳化硅增强镁基层状材料的强化行为 ·· 100
6.1 引言 ··· 100
6.2 宽幅面 PMMCs/Mg 的力学性能 ··· 100
　　6.2.1 不同层数宽幅面 PMMCs/Mg 的力学性能 ······················ 100
　　6.2.2 不同层厚比宽幅面 PMMCs/Mg 的力学性能 ·················· 103
6.3 PMMCs/Mg 的应变硬化行为 ·· 106

  6.3.1 层数对 PMMCs/Mg 应变硬化行为的影响 ·················· 106

  6.3.2 层厚比对 PMMCs/Mg 应变硬化行为的影响 ················ 108

 6.4 PMMCs/Mg 的应力松弛行为 ·· 110

  6.4.1 层数对 PMMCs/Mg 应力松弛行为的影响 ·················· 110

  6.4.2 层厚比对 PMMCs/Mg 应力松弛行为的影响 ················ 115

 6.5 PMMCs/Mg 的循环完全卸载再加载行为 ························ 118

  6.5.1 层数对 PMMCs/Mg 循环完全卸载再加载行为的影响 ······ 118

  6.5.2 层厚比对 PMMCs/Mg 循环完全卸载再加载行为的影响 ···· 121

 6.6 小结 ··· 122

 参考文献 ··· 123

第 7 章 碳化硅增强镁基层状材料断裂行为 ····························· 124

 7.1 引言 ··· 124

 7.2 层数对 PMMCs/Mg 断裂行为的影响 ····························· 124

  7.2.1 PMMCs/Mg 在加载过程中的应力演化 ····················· 124

  7.2.2 不同层数 PMMCs/Mg 拉伸断口分析 ······················· 126

  7.2.3 不同层数 PMMCs/Mg 弯曲断口分析 ······················· 129

 7.3 层厚比对 PMMCs/Mg 断裂行为的影响 ·························· 131

  7.3.1 不同层厚比 PMMCs/Mg 拉伸断口 ························· 131

  7.3.2 不同层厚比 PMMCs/Mg 弯曲断口 ························· 133

 7.4 PMMCs/Mg 的断裂机制分析 ······································ 134

  7.4.1 层数对 PMMCs/Mg 断裂机制的影响 ······················· 135

  7.4.2 层厚比对 PMMCs/Mg 断裂机制的影响 ···················· 136

  7.4.3 层界面对 PMMCs/Mg 断裂机制的影响规律 ··············· 137

 7.5 小结 ··· 139

 参考文献 ··· 139

第 8 章 结论与展望 ··· 140

 8.1 结论 ··· 140

 8.2 展望 ··· 141

第1章 绪 论

1.1 概 述

镁合金具有密度低、比强度高、阻尼值大和电磁屏蔽性能好等优点，是适用于航空航天、军用战车、民用汽车、电子产品等领域的理想轻质材料[1-3]。然而常规镁合金具有弹性模量低、热膨胀系数高、热稳定性差、不耐磨等缺点，应用范围受限，而颗粒增强镁基材料(PMMCs)则在秉承镁合金优点的同时弥补其上述不足，进一步拓展了镁合金在工业上的应用范围[4-7]。

目前，国内外关于 PMMCs 已开展了大量研究工作[8-14]。根据颗粒尺度不同，PMMCs 可分为纳米颗粒增强镁基材料(纳米 PMMCs)、亚微米颗粒增强镁基材料(亚微米 PMMCs)和微米颗粒增强镁基材料(微米 PMMCs)。当颗粒尺度小于 $1\mu m$ 时，强化效果更为优异，但颗粒尺度越小，发生团聚的倾向越大，故纳米和亚微米 PMMCs 内颗粒的体积分数一般控制在 2%以内，故其弹性模量、热膨胀系数和耐磨性等与镁合金差别不大[8-13]。研究发现，当颗粒尺度在 $5\sim10\mu m$ 之间且体积分数大于 10%时，不仅具有优异的强化效果，而且赋予微米 PMMCs 较高的弹性模量、低的热膨胀系数和较好的耐磨性，但伸长率较低[14]，难以基于常规轧制方式实现 PMMCs 薄板的制备与成形，而 PMMCs 薄板的开发是将其应用于航天舱体桁架、飞机蒙皮、发动机罩、车门等壳体的前提。

本书在对 PMMCs 轧制成形探索中发现，仅 10%的轧制压下量，PMMCs 就已完全开裂，研究发现其轧制开裂的主要原因是：PMMCs 在轧制成形过程中，颗粒附近易产生较大应力集中而诱发颗粒破碎或与基体界面脱粘，促使裂纹迅速扩展而导致 PMMCs 开裂。若将"软质相"嵌于 PMMC 内以缓解轧制过程中产生的应力集中，可望实现 PMMCs 薄板的轧制成形。

基于此思想，本书采用挤压复合的方式将"软质"Mg 合金作为中间层引入 PMMCs 中，制备出 PMMCs/Mg 复合板，在此基础上尝试对 PMMCs/Mg 复合板进行轧制，经 50%的轧制变形量后，制备出厚度约为 1mm 的 Mg/PMMCs 薄板，PMMCs/Mg 薄板表面质量良好，拉伸性能优异，其屈服强度(YS)、抗拉强度(UTS)

和弹性模量可分别达约 341MPa、约 404MPa 和 51GPa。

Mg/PMMCs 薄板轧制成形性与 PMMCs 层和 Mg 合金层的含量密切相关。一般而言,PMMCs 层的含量越多则更容易获得高模量、高强度的 Mg/PMMCs 薄板,但难以实现轧制成形。故解决 PMMCs 层和 Mg 合金层厚度匹配问题,是获得优异性能 Mg/PMMCs 薄板的关键。为此,本书在探索颗粒增强镁基层状材料的制备与成形的基础上,分析了 Mg/PMMCs 层厚、层数与 Mg/PMMCs 薄板轧制成形能力、模量、强度以及塑性等方面的关系。

揭示 PMMCs/Mg 的层结构调控机理,是实现其强韧性匹配控制的前提。PMMCs/Mg 优异的综合性能与其层状构型密不可分,合理的层结构参数("泥层"和"砖层"的厚度及其比值)是保证 PMMCs/Mg 优异综合性能的关键。上百万年的生物进化与自然选择,造就出贝壳精细的层状结构,赋予其优异的强韧性。与贝壳的陶瓷/有机精细层状结构不同,对 PMMCs/Mg 层结构参数尚缺乏相关认识。对仿生层结构金属基复合材料少量研究已证实,通过调整金属层厚度,可使其综合力学性能得以大幅改观。此外,研究者对纯 Al/Al 合金[15]、Cu/Cu[16]、脆性/塑性钢[17] 等金属/金属层状材料的研究也已证实,基于层数、层厚比等层结构参数调控可实现其强度和塑性同步提升[18-20]。然而,与仿生层结构金属基复合材料和金属/金属层状材料不同,PMMCs 层内存在大量硬质颗粒:一方面会加剧层界面处应力集中;另一方面,因硬质颗粒对位错运动的阻碍作用更强,易在颗粒处诱发应力集中,促使颗粒破碎,与基体界面脱粘,从而大为降低 PMMCs 的塑韧性。因此,对仿生层结构金属基复合材料和金属/金属层状材料的现有层结构参数的优化结果对 PMMCs/Mg 并不适用。为此,本书在分析 PMMCs/Mg 层结构构建规律的基础上,制备出不同结构参数的 PMMCs/Mg 层状材料,探讨层结构参数对 PMMCs/Mg 显微组织和力学性能的影响规律,构建 PMMCs/Mg 层结构调控理论,实现其强韧性的匹配调控。

深入认识 PMMCs/Mg 层结构的结构效应,是理解其强韧化机制的基础。与单一 PMMCs 相比,PMMCs/Mg 的高强、高韧性源于其特有的层状构型。传统的金属强韧化理论因忽略了层结构的影响,显然对 PMMCs/Mg 已不适用。人们对层状材料的设计与开发源于对贝壳的了解和深入认识,研究发现:一方面,贝壳在受力时并未在某处产生严重的局部应变集中,各层均匀分担应变,从而避免了局部应变集中而使其过早失效;另一方面,贝壳内的层状结构能够有效改变裂纹扩展的路径,降低裂纹尖端能量,延缓其过早断裂。研究认为,层状构型导致的局部应变分配是层状材料高强韧性能的根本原因。

关于局部应变分配的现象已在部分仿生层结构金属基复合材料中得以印证。研究者在碳纳米管增强铜基复合材料中发现，层结构主要通过影响位错运动来实现局部应变分配。Fan等[20]采用数字图像关联技术(DIC)对Ti/Al层状材料在室温拉伸过程中的局部应变分布进行了表征，研究表明，随拉伸应变量的增大，Ti/Al层内位错密度均随之增大，但当位错密度达到一定值时，因层状构型的影响使得位错增殖与回复的速率达到平衡，实现了局部应变的均匀分布，避免了局部应变集中而导致材料的过早失效，提高了Ti/Al层状材料的整体强韧性。此外，研究者分别在Ni/Al[21]、TiB/TiAl[22]、纯Cu/Cu-Zn合金[23]、W/Ta[24]和Cu/Nb[25]等层状材料中也发现了局部应变分配的现象。对金属/金属层状材料的现有研究表明，层状构型主要通过影响位错运动等塑性变形行为来实现局部应变分布。因硬质颗粒的存在，PMMCs内位错的萌生、运动方式与单一金属材料不同。可见，PMMCs/Mg层状材料在变形过程中局部应变分配方式更为复杂，现有关于层状材料研究结果不再适用。本书通过研究层结构对PMMCs/Mg层内局部应变产生、扩展和分布的影响规律，探讨局部应变分布的内在微观塑性变形机制，分析PMMCs/Mg的断裂失效行为，揭示其强韧化机理。

综上所述，针对PMMCs强度/模量同塑韧性倒置关系的难题，本书基于贝壳生物层状构型的仿生思想，制备出碳化硅增强镁基层状材料，对PMMCs/Mg进行层结构优化设计，制备不同结构参数的PMMCs/Mg层状材料，重在探讨层结构参数对其显微组织和力学性能的影响规律，建立PMMCs/Mg层结构调控理论。最后，通过研究层结构对PMMCs/Mg局部应变分配、微观塑性变形和断裂行为的影响规律，阐明PMMCs/Mg层状材料的强韧化机理。本书可为PMMCs的强韧化调控提供一条新思路，对推动PMMCs的规模化工程应用，具有重要的理论意义和应用价值。

1.2 颗粒增强镁基复合材料

目前，在颗粒增强镁基复合材料(PMMCs)组织与力学性能控制方面，已开展了大量研究。一般认为，PMMCs的性能主要与增强体的种类、含量和尺寸有关[26]。根据增强体属性，主要可分为金属颗粒、陶瓷颗粒和C增强体。范一丹[27]通过搅拌铸造工艺在Mg-Zn-Ca合金中加入Ti_p成功制备出具有优异力学性能的PMMCs，

Ti_p可在加载过程中与基体协调变形,缓解颗粒附近的应力集中,提高镁基体的强韧性。相比于金属颗粒,陶瓷颗粒因其弹性模量高、热稳定性等优点,研究更为广泛。邓坤坤[28]通过半固态搅拌铸造法制备了微米SiC_p/AZ91复合材料,随后对其进行锻造和挤压,揭示了颗粒周围在变形过程中形成的高密度位错畸变区(PDZ)对动态再结晶形核的促进作用,达到细化晶粒的目的。为实现力学和导热性匹配调控,Zhang等[29]以石墨片为增强体,基于热挤压实现石墨片沿挤压方向(ED)的定向排布,赋予了PMMCs优异的力学与导热性能。

颗粒的尺寸和含量对PMMCs的性能具有重要影响。颗粒尺寸的增加使PMMCs制备更为容易,且随其含量增多,PMMCs的弹性模量也随之增大,但塑韧性急剧降低。对于微米级颗粒而言,颗粒含量(体积分数,用vol%表示)较高时(5vol%~15vol%),对PMMCs强化效果较为显著[30],然而,在承载过程中微米颗粒与基体变形不协调程度大,在颗粒与基体界面易产生应力集中并萌生微裂纹,造成颗粒与基体脱粘,损害PMMCs塑韧性,故很难通过轧制的方法制备微米级PMMCs薄板。当增强体尺度降至纳米级时,可同时改善PMMCs的强度和塑韧性[31],此外,由于纳米颗粒尺寸较小,纳米PMMCs具备优异的成形性,可以通过热轧制备纳米级PMMCs薄板。遗憾的是,在纳米PMMCs铸造过程中,纳米颗粒容易发生团聚,故其纳米颗粒的含量一般小于2vol%,因此,纳米颗粒对PMMCs弹性模量无明显提升。

实现颗粒的分布均匀,是获得PMMCs优异力学性能的关键。聂凯波[32]在对SiC_p/AZ91复合材料的多向锻造过程中发现,随着锻造道次的增加,复合材料中铸造缺陷减少,颗粒分布地更加均匀且沿垂直于锻造方向有序排布,强韧性随之提高。此外,Nie等[33]通过超声辅助半固态搅拌工艺制备了纳米SiC_p增强镁基复合材料,利用超声空化效应打散了纳米SiC_p团聚,提高了其分散的均匀性,显著改善了PMMCs的力学性能。

关于PMMCs的强化机制,研究者提出了Eshelby夹杂模型、剪切黏滞模型等[34]来解释其高屈服强度。在对微米、亚微米双尺寸SiC_p增强镁基复合材料的研究中发现[28],两步热变形后PMMCs的屈服强度明显提高,PMMCs的强化作用主要来源于SiC_p对基体晶粒的细化作用、SiC_p附近位错密度的提升以及载荷传递效应。除了晶界强化、位错强化和载荷传递效应外,Orowan强化、热错配强化等强化机制对PMMCs力学性能的提高也有一定贡献。

上述表明,纳米PMMCs具有一定的塑性,可进行轧制成形,但因纳米颗粒含量过低,对镁基体弹性模量改善不显著。尽管微米PMMCs弹性模量高,但其塑性差,难以轧制成形。如何改善微米PMMCs的轧制成形性,获得高模量镁板,仍是一个难题。

1.3 层状金属复合材料

层状金属复合材料是将多种金属连接起来制备成的层状复合材料,因制备工艺多样、构型简单、与单一金属材料相比具有更优异的综合力学性能而受到广泛关注。

层状金属复合材料的构型主要来源于贝壳仿生结构[35]。层状"砖-泥"结构是天然贝壳同时具备高强度和高韧性的原因,贝壳由95%碳酸钙和5%的有机层构成,碳酸钙层提供了高强度,而有机层与无机层相互粘接使贝壳具备高韧性,有机层与无机层在变形过程中能够对应力和应变进行重新分配,使贝壳与矿物成分相比提高了近40倍韧性。

受到贝壳仿生结构的启发,层状结构的概念被应用于设计新型复合材料。学者们通过对材料成分、层厚、界面特性和加工条件进行设计开发出多种满足不同应用领域的层状复合材料。Ma等[36]通过累积叠轧和退火工艺制备出不同层厚的铜/青铜复合板,复合板内不同层的化学成分、晶粒尺寸和力学性能都存在明显差异,复合板的强度和韧性均随层厚的减小而提高。由于界面之间的机械不相容性,额外的几何必需位错在界面附近累积。Huang等[37]在对铜/青铜层状复合板的研究中发现界面影响区的存在,界面对复合板产生高背应力强化和加工硬化,随着界面间距的减小,复合板的强度和塑性有所提高。Koseki等[38]通过轧制复合制备了多层马氏体/奥氏体钢复合材料,与单层钢相比,多层钢表现出良好的强塑性组合,并在高应变速率下具备良好的成形性,目前已广泛应用于汽车领域。

金属基复合材料与合金相比具备更高的比强度和耐磨性,但其韧性和成形性较差限制了金属基复合材料的进一步应用。层状结构的概念已被广泛应用于合金复合板的设计中以达到增强增韧的目的。同样,层状结构设计是提高金属基复合材料断裂韧性,制备具有优异力学性能金属基复合板的有效方式。将不同性质的金属相互交替堆叠,并通过界面结合的方式制备成层状金属复合材料可以改善材料的强塑协调性。此外,层状的结构设计对于提高金属基复合材料的韧性和成形性具有重要意义。Hosseini等[39]采用轧制复合法制备了不同体积分数SiC_p增强

Al 基复合材料与铝合金的层状复合板,中间 Al 合金层的引入能够有效补偿复合材料层的低韧性,提高复合板的损伤容限,从而产生增韧效果,防止复合板过早失效。

层状金属复合材料通常通过界面连接的方法制备,在结合面上通过原子的互相扩散以实现冶金结合。近年来,随着生产技术的进步和生产设备的升级,层状金属复合材料的制备工艺日益成熟。根据组元在制备过程中的状态,层状金属复合材料的制备方法主要包括固-固相复合法、固-液相复合法和液-液相复合法[40]。目前广泛应用于制备层状金属复合材料的固-固相复合工艺主要有轧制复合、挤压复合、热压复合、爆炸复合以及两步以上复合等工艺。

1. 轧制复合

轧制复合是目前最广泛应用于层状金属复合材料制备的工艺,也是我国最早应用于生产层状金属复合材料的技术。轧制复合的基本原理是将原料按照配比相互堆叠送入轧机中,轧制时通过剪切力的作用使结合面压紧并沿截面方向产生塑性流动,结合面附近的材料通过原子扩散稳定结合形成复合板[41]。根据工艺参数的不同,轧制可分为常规轧制、异步轧制、交叉轧制、等径角轧制和累积叠轧(ARB)等,其中,累积叠轧常用于生产多层层状金属复合板。例如,Nie 等[42]通过累积叠轧的工艺成功制备了多层 Al/Mg/Al 复合板,在复合板的界面处通过原子互相扩散形成了 Mg_2Al_3 和 $Mg_{17}Al_{12}$ 金属间化合物,在三次 ARB 循环之前,随着 ARB 循环道次的增加,复合板各层的晶粒明显细化,组织更加均匀,复合板的抗拉强度和屈服强度表现出上升的趋势。王宏伟[43]采用轧制复合的工艺成功制备了具有不同三维层界面结构的层状 Al/Mg/Al 复合板,如图 1-1 所示。研究发现,在轧制变形过程中三维层界面附近产生更高的应力集中,界面附近的晶粒尺寸更

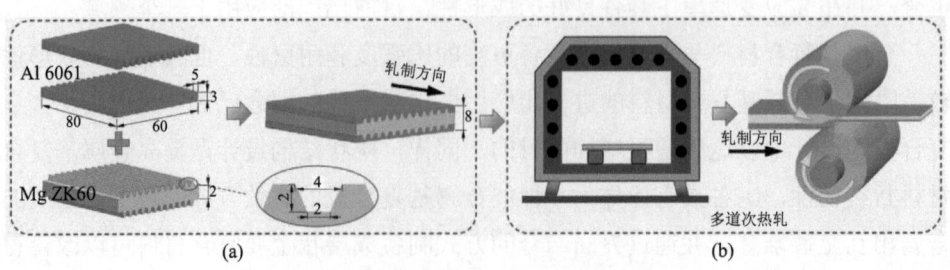

图 1-1 三维层界面复合板制备示意图[43]

加细小，同时层界面处产生的金属间化合物层在承受拉应力时会沿垂直于加载方向产生裂纹，阻碍了裂纹的扩展，从而提高复合板的韧性。此外，三维层界面的存在可使裂纹在界面处发生偏转，延缓复合板的断裂。

2. 挤压复合

挤压复合的原理是将原料在挤压模具中交替堆叠，各组元在压力的作用下产生塑性流动，形成稳定牢固结合面。与轧制复合相比，挤压复合可用于制备成形能力差的层状复合材料[44]。根据挤压过程中金属的流动方向，可将挤压分为正挤压和反挤压。正挤压过程中金属流动方向与压力作用方向相同，坯料与模具之间会产生相对滑动，从而产生很大的摩擦，因此正挤压的挤压力很大。而反挤压过程中金属流动方向与压力作用方向相反，坯料与模具间无相对滑动，所需挤压力相对较小。此外，累积叠挤(AEB)是常用于生产多层金属复合板的大塑性变形工艺。Xin 等[45]将铸态 Mg/Al 金属双坯料进行共挤后进行叠加再挤压，实现了复合板的累积叠挤结合，随着 AEB 道次的增加，各层的晶粒变得均匀，复合板的断裂伸长率极大提升。在 Wu 等[46]的研究中，采用挤压复合的方法将 7075 铝合金引入 AZ31 镁合金中以达到强化镁合金的目的，超硬铝层的引入有效提高了复合板的屈服强度，体积分数为 40.2%的 Al 可将复合板的屈服强度从 155MPa 提高至 300MPa，而复合板的质量仅增加了 20%，如图 1-2 所示。

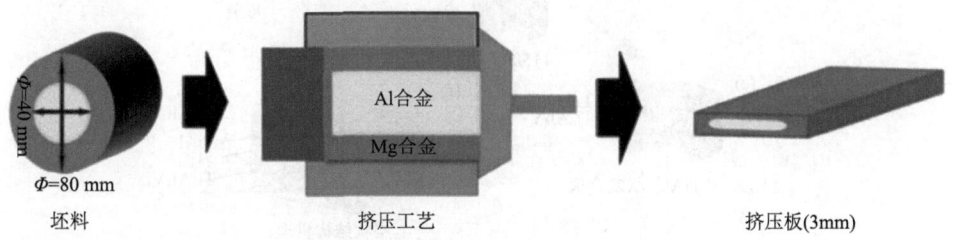

图 1-2　层状 Mg/Al 复合板的制备工艺[46]

3. 热压复合

热压复合是在高温和高压下，利用材料之间的塑性变形和界面附近金属原子的扩散将覆材和基材进行高度完整结合的复合技术[47]。热压复合具有成本低、设备简单、工艺安全和可实现批量生产等优点，但在热压过程中，各组元界面在高温高压下相互接触,在原子扩散的过程中可能形成脆性相,降低复合材料的界面结合强度。Wang 等[48]通过热压工艺制备了不同层厚的 $Ti_6Al_4V/TiAl$ 复合材料,如图 1-3 所示。研究发现复合板的抗拉强度随界面厚度的减小而提高,复合板在变形过程中可通过界面附近的滑移带和贯穿界面的裂纹实现应力的再分配,对层结构进行设计可以实现界面调控以调节复合板的应力水平,从而提高复合板的力学性能。Xu 等[49]在不同温度对 2A12 铝合金进行真空热压连接实验,研究中发现细小的再结晶晶粒优先在界面附近生长,界面附近存在高密度位错为晶界迁移提供了能量,从而促进了动态再结晶(DRX)。当热压温度为 530℃时,界面由于氧化严重结合效果并不理想。当热压温度升高到 560℃时,压力的作用在很大程度上破坏了界面氧化物,界面的氧化物减少,对再结晶晶界迁移的阻碍作用减弱,界面结合强度有所提高。

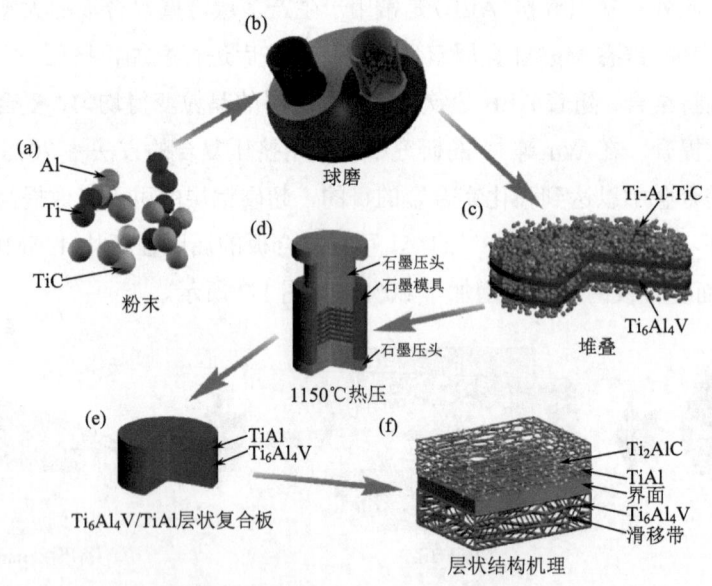

图 1-3 $Ti_6Al_4V/TiAl$ 复合材料制备工艺[48]

4. 爆炸复合

爆炸复合是将炸药引爆时产生的能量转化为动能,使复合层与基板发生高速碰撞,在产生的瞬间高温高压下实现不同材料界面的冶金焊接结合[50]。爆炸复合能够实现性能差异悬殊金属的复合,同时爆炸复合的复合时间极短,可以避免脆性金属间化合物的形成。朱磊等[51]通过爆炸复合法制备了 T2/316 铜钢复合材料，在研究中发现，在铜钢的界面处可以观察到爆炸焊接特有的波纹结构，界面处的晶粒在爆炸过程中发生破碎变得细小，界面两侧未发生元素的扩散，界面处漩涡内存在金属熔化物。在 Athar 等[52]的研究中提出焊接窗口的概念以预测焊接参数对 Al/Cu 爆炸复合界面形貌的影响，Al/Cu 爆炸复合工艺如图 1-4 所示。采用低爆比时形成的界面呈扁平状，而高爆比界面呈现出波纹状，界面附近的晶粒平行于爆炸方向被拉长，远离界面材料的显微硬度逐渐下降。

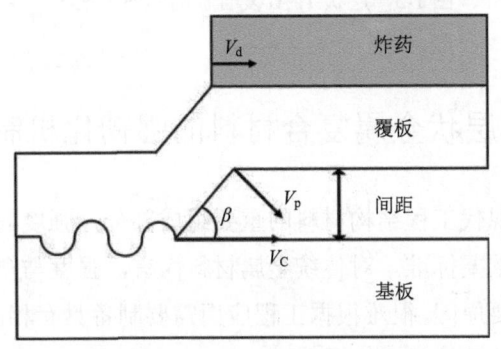

图 1-4　Al/Cu 爆炸复合工艺[52]

由于采用单一复合工艺各有优缺点，学者们常采用两步及以上的复合工艺来提高界面结合强度以制备具有优异力学性能的层状金属复合材料。曹苗[53]以 TA1 纯钛和 AA2024 铝合金为原料，采用热压和轧制的工艺制备了界面结合良好的层状 Ti/Al 复合材料，并研究了退火工艺对复合板显微组织和力学性能的影响，层状 Ti/Al 复合板的制备工艺如图 1-5 所示。研究结果表明，随退火温度的升高，层状 Ti/Al 复合板的界面结合强度有所提高，但当退火温度超过 400℃时，界面层生成相的粗化会恶化层状 Ti/Al 复合板的界面结合。随着退火温度的提高，层状 Ti/Al 复合板的强度逐渐下降，杯突性能和伸长率有所提高。当退火温度超过 400℃时，界面粗化而引起的 $TiAl_3$ 界面脱粘可通过裂纹偏转和钝化裂纹尖端来抑制裂纹扩展，从而提高层状 Ti/Al 复合板的成形性和伸长率。

根据层结构的设计要求，制备层状金属复合材料的方法也有不同，除了以上几种固-固相复合技术外，还有沉积成型技术[54]、喷射沉积技术[55]等制备层状金属复合材料的方法。与固-固相复合相比，沉积成型和喷射沉积由于设备工艺复杂、成本高、制备样品的尺寸有限等原因多用于生产纳米级层状金属复合材料，在工业生产中更多采用固-固相复合的方法制备层状金属复合材料。

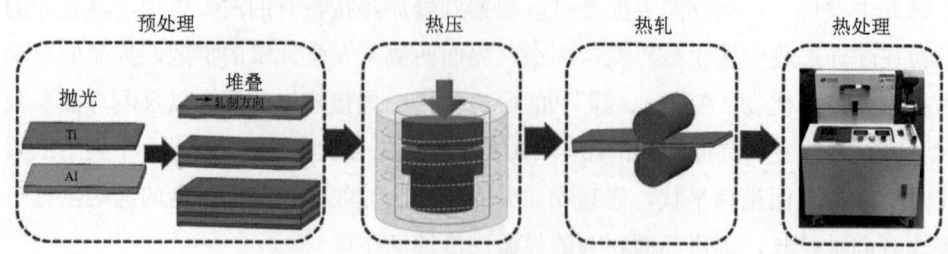

图1-5 层状Ti/Al复合板的制备工艺[53]

1.4 层状金属复合材料的强韧化机制

金属材料作为现代工程结构材料的重要组成部分，强度与断裂伸长率一直是衡量其力学性能的重要标准。对传统金属材料而言，强度与塑性的不匹配一直都是制约其应用的主要原因，很难根据工程应用需要制备具有相应性能的金属材料。层状金属复合材料的独特异质构型和可控的层结构参数赋予其优异的强塑性，可根据服役条件的需求定制具有相应力学性能的层状金属复合材料。Du 等[56]采用多道次热轧的方法制备了具有不同层厚比的层状 Ti-Al 复合板，当 Al 的含量为10%~67%时，复合板具有良好的强度和塑性。软、硬层之间的作用改变了复合板的变形机制，随 Al 含量的减少，复合板的弹性变形阶段变得更加明显。为了进一步揭示层状金属复合材料具有优异综合力学性能的原因，有必要对层状金属复合材料的强化机制和塑性变形机制进行研究。

1.4.1 层状金属复合材料的强化机制

传统强化理论主要是通过大塑性变形、热处理等方式对材料的组织进行调控，对材料的晶粒尺寸、织构、析出相和增强体尺寸、含量、分布进行设计来实现对材料的强化。尽管这些方法能够有效地提高材料的强度，但大多是以牺牲材料的塑性为代价的。与传统均质材料相比，层状金属复合材料具有良好的强塑协同效应。因此，传统强化理论已经难以对层状金属复合材料的强化行为进行解释。层状金属复合材料最大的特点就是引入了层界面，层界面的存在对变形过程中的应力/应变分配、位错运动等具有重要影响，界面对于金属材料的增强和增韧具有十分重要的意义。Huang 等[37]通过对层状铜/青铜复合板层界面附近区域进行了原位高分辨应变分析发现了界面影响区的存在。界面影响区被定义为界面附近具有应变梯度的区域，由界面附近产生的位错形成。界面产生背应力强化和额外的加工硬化，复合板随着界面间距的减小具备更高的强度和延展性。一般可以通过混合法则(ROM)对层状金属复合材料的屈服强度进行预测。Li 等[57]设计的层状纯钛板具有超高的屈服强度，远超过 ROM 的预测值。层状纯钛板的超高强度主要得益于其粗晶/细晶的交替结构，界面的存在约束了粗晶层到细晶层的应变传递行为，粗晶层内〈a〉位错的堆积最终刺激了〈c+a〉滑移，〈c+a〉滑移的临界分切应力远高于〈a〉滑移，因此，复合板具备更高的屈服强度。

背应力是由几何必需位错产生的长程应力，对异质结构金属材料的强度和塑性具有十分重要的贡献[58]。背应力由位错在层界面附近堆积产生，因此，可对层状金属复合材料进行结构设计实现高背应力的强化效果。Chen 等[59]通过累积叠轧成功制备了 Al-(TiB2+TiC)p/6063 层状复合板，随着 ARB 道次的增加，Al-(TiB2+TiC)p 层中的颗粒分布更加均匀，基体颗粒也有所细化。经过三个 ARB 循环后，层状复合板的抗拉强度、屈服强度和断裂伸长率分别提高了 21.9%、22.4% 和 17.2%。随着应变和 ARB 道次的增加，复合板的背应力明显提高，这有助于复合板的应变硬化行为。

1.4.2 层状金属复合材料的塑性变形机制

国内外学者做了大量有关层状金属材料的塑性变形行为方面的研究，并提出了一系列层状金属复合材料的塑性变形机理。Ojima 等[60]通过原位中子衍射研究了马氏体/奥氏体多层钢在拉伸变形过程中的应力分配行为，将多层钢的变形分为三个阶段：弹性变形阶段、弹塑性变形阶段和塑性变形阶段。在变形过程中，多层钢承载的应力能够有效地转移到马氏体层，缓解了整个复合板的应力集中，即便是淬火马氏体层也可发生均匀变形。

层状金属复合材料的变形机制主要与层界面有关。一方面，与传统均质材料相比，层状金属复合板可通过层界面转移应力，实现不同层的协调变形。在 Huang 等[61]对层状 Ti/Al 金属复合材料的原位拉伸变形研究中发现，层状 Ti/Al 复合材料在弹塑性变形阶段改变了复合板的应变状态，界面处发生了内应力的集中。从 Al 层到 Ti 层的应变转移缓解了 Ti 层的应变局域化程度，从而提高了 Ti 层的延展性。裂纹的扩展受到层状结构的限制，Al 层通过形成大量微裂纹的方式缓解层内的应力集中。

另一方面，层界面的存在使层状金属复合板的断裂机制发生了根本变化，层界面可通过偏转裂纹扩展方向、钝化裂纹尖端的方式阻碍裂纹扩展，从而达到延迟断裂，提高材料损伤容限的目的[62]。Wang 等[63]在对具有三维层界面的 Al/Mg/Al 复合板显微组织与力学性能的研究中发现，3D 界面的引入显著提高了复合板的界面结合强度，在拉伸变形过程中，微裂纹产生的方向与加载方向垂直，阻碍了裂纹的扩展。此外，层界面的存在是裂纹的扩展方向沿界面偏转，有利于界面区域的强韧化，提高复合板的塑性，如图 1-6 所示。Cao 等[64]研究了层状 Ti/Al 复合板在拉伸过程中的变形行为，Ti 层和 Al 层在拉伸过程中的变形不协调导致层界面处发生应力集中产生微裂纹，在变形初期发生界面脱粘。随着变形的进行，Al 层优先发生断裂，Al 层产生的主裂纹扩展到界面处时发生裂纹偏转和裂纹钝化。层界面的脱粘增加了 Ti/Al 复合板的断裂吸收能，从而延迟材料的断裂，提高复合板的塑性。

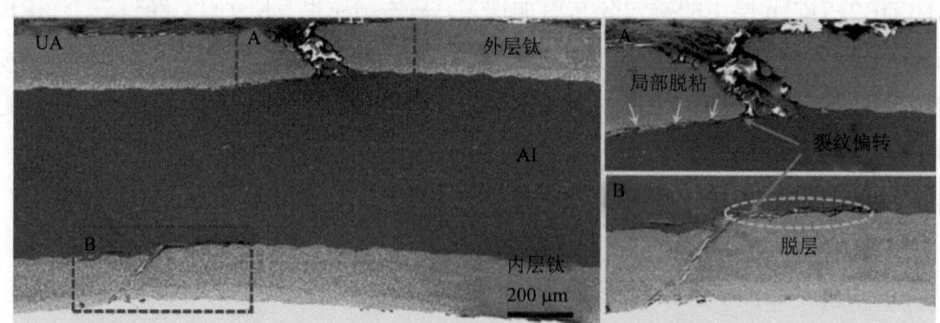

图 1-6　层状 Ti/Al 复合板中的裂纹偏转和钝化[63]

1.5　本书主要内容

1. 碳化硅增强镁基层状材料的挤压复合成形

通过挤压复合的方式将 AZ91 合金引入至 SiCp/AZ91 材料（PMMCs）中，制备出 PMMCs/AZ91 层状材料。分析 PMMCs 和 AZ91 层内的显微结构，研究 PMMCs/AZ91 层界面处的硬度、析出相及界面演化机制。在此基础上，探讨固溶预处理对复合板显微组织和力学性能的影响规律。

2. 碳化硅颗粒增强镁基层状材料的轧制成形

对挤压复合制备的 PMMCs/AZ91 层状材料进行轧制成形，探讨轧后热处理对其的显微组织和力学性能的影响规律，阐明 PMMCs/AZ91 层状材料宏观织构、界面等在热处理过程中的演变规律。

3. 碳化硅增强镁基层状材料的组织与力学性能

设计不同层厚比和层数的 PMMCs/Mg 层状材料，研究 PMMCs/Mg 层状材料在轧制成形过程中的层结构演变规律，明晰 PMMCs 与 Mg 层的界面协调行为，揭示层结构参数对 PMMCs/Mg 显微组织和力学性能的影响规律。

4. 碳化硅增强镁基层状材料层结构形成规律

开发出宽幅面 PMMCs/Mg 层状材料，研究其在成形过程中的层界面演变规律，阐明层结构参数对 PMMCs/Mg 层界面形成的作用机制。

5. 碳化硅增强镁基层状材料的强化行为

对不同层结构的 PMMCs/Mg 层状材料进行力学性能、应力松弛和循环完全卸载再加载实验，研究 PMMCs/Mg 层状材料在拉伸变形过程中的应变硬化行为、应力松弛过程中的软化行为以及完全卸载再加载行为。

6. 碳化硅增强镁基层状材料断裂行为

研究 PMMCs/Mg 层状材料在加载过程中的应力演化规律，分析其拉伸和弯曲断口，探讨层结构作用下 PMMCs/Mg 层状材料的裂纹萌生和扩展行为，揭示 PMMCs/Mg 层状材料的断裂机制。

参 考 文 献

[1] Mordike B L, Ebert T. Magnesium properties-applications-potential [J]. Mater Sci Eng A, 2001, 302: 37-45.
[2] 陈振华. 变形镁合金 [M]. 北京: 化学工业出版社, 2005.
[3] You S H, Huang Y D, Kainer K U, et al. Recent research and developments on wrought magnesium alloys [J]. J Magnesium Alloys, 2017, 5(3): 239-253.
[4] Chen L Q, Yao Y T. Processing, microstructures, and mechanical properties of magnesium

matrix composites: a review [J]. Acta Metall Sin (Engl Lett), 2014, 27: 762-774.

[5] Liao W J, Ye B, Zhang L, et al. Microstructure evolution and mechanical properties of SiC nanoparticles reinforced magnesium matrix composite processed by cyclic closed-die forging [J]. Mater Sci Eng A, 2015, 642: 49-56.

[6] Chelliah N M, Singh H, Surappa M K. Correlation between microstructure and wear behavior of AZX915 Mg-alloy reinforced with 12 wt% TiC particles by stir-casting process [J]. J Magnesium Alloys, 2016, 4: 306-313.

[7] Minárik P, Veselý J, Čížek J, et al. Effect of secondary phase particles on thermal stability of ultra-fine grained Mg-4Y-3RE alloy prepared by equal channel angular pressing [J]. Mater Charact, 2018, 140: 207-216.

[8] Guo Y C, Nie K B, Kang X K, et al. Achieving high-strength magnesium matrix nanocomposite through synergistical effect of external hybrid (SiC plus TiC) nanoparticles and dynamic precipitated phase [J]. J Alloys Compd, 2019, 771: 847-856.

[9] Goh C S, Wei J, Lee L C, et al. Properties and deformation behaviour of Mg-Y_2O_3 nanocomposites [J]. Acta Mater, 2007, 55: 5115-5121.

[10] Liu W Q, Hu X S, Wang X J, et al. Evolution of microstructure, texture and mechanical properties of SiC/AZ31 nanocomposite during hot rolling process [J]. Mater Des, 2016, 93: 194-202.

[11] Deng K K, Wu K, Wu Y W, et al. Effect of submicron size SiC particulates on microstructure and mechanical properties of AZ91 magnesium matrix composites [J]. J Alloys Compd, 2010, 504: 542-547.

[12] 何广进, 李文珍. 纳米颗粒分布对镁基复合材料强化机制的影响 [J]. 复合材料学报, 2013, 30: 105-110.

[13] 李仲杰, 姬长波, 于化顺, 等. 镁基复合材料中常用颗粒增强相研究现状 [J]. 精密成形工程, 2017, 9:104-109.

[14] Wang X J, Hu X S, Wu K, et al. Evolutions of microstructure and mechanical properties for SiCp/AZ91 composites with different particle contents during extrusion [J]. Mater Sci Eng A, 2015, 636: 138-147.

[15] Cepeda-Jimenez C M, Garcia-Infanta J M, Pozuelo M, et al. Impact toughness improvement of high-strength aluminum alloy by intrinsic and extrinsic fracture mechanisms via hot roll bonding [J]. Scripta Mater, 2009, 61: 407-410.

[16] Liu H S, Zhang B, Zhang G P. Enhanced toughness and fatigue strength of cold roll bonded Cu/Cu laminated composites with mechanical contrast [J]. Scripta Mater, 2011, 65: 891-894.

[17] Lhuissier P, Inoue J, Koseki T. Strain field in a brittle/ductile multilayered steel composite [J]. Scripta Mater, 2011, 64: 970-973.

[18] Gao H J, Ji B H, Jäger I L, et al. Materials become insensitive to flaws at nanoscale: lessons from nature [J]. Proc Natl Acad Sci, 2003, 100: 5597-5600.

[19] Huang M, Xu C, Fan G H, et al. Role of layered structure in ductility improvement of layered

Ti/Al metal composite [J]. Acta Mater, 2018, 153: 235-249.

[20] Wu H, Fan G H, Huang M, et al. Deformation behavior of brittle/ductile multilayered composites under interface constraint effect [J]. Int J Plasticity, 2017, 89: 96-109.

[21] Sun Y, Lin P, Yuan S J. A novel method for fabricating NiAl alloy sheet components using laminated Ni/Al foils [J]. Mater Sci Eng A, 2019, 754: 428-436.

[22] Cui X P, Ding H, Zhang Y Y, et al. Fabrication, microstructure characterization and fracture behavior of a unique micro-laminated TiB-TiAl composites [J]. J Alloys Compd, 2019, 775: 1057-1067.

[23] Li J S, Wang S Z, Mao Q Z, et al. Soft/hard copper/bronze laminates with superior mechanical properties [J]. Mater Sci Eng A, 2019, 756: 213-218.

[24] Chen C, Xu J, Liu R, et al. The effect of sintering temperature on the tensile properties and fracture behaviors of W/Ta multilayer composites [J]. Mater Sci Eng A, 2019, 768: 138450.

[25] Ding C G, Xu J, Li X W, et al. Microstructural evolution and mechanical behavior of Cu/Nb multilayer composites processed by accumulative roll bonding [J]. Adv Eng Mater, 2020, 22: 1900702.

[26] 王晓军. 搅拌铸造 SiC 颗粒增强镁基复合材料高温变形行为研究 [D]. 哈尔滨：哈尔滨工业大学, 2008.

[27] 范一丹. 热变形 Tip/Mg-6Zn-0.5Ca 镁基复合材料显微组织与力学性能研究 [D]. 太原：太原理工大学, 2022.

[28] 邓坤坤. 热变形 SiC$_p$/AZ91 镁基复合材料的显微组织与力学性能 [D]. 哈尔滨：哈尔滨工业大学, 2011.

[29] Zhang L, Deng K K, Nie K B, et al. Thermal conductivity and mechanical properties of graphite/Mg composite with a super-nano CaCO$_3$ interfacial layer [J]. iScience, 2023, 26(4): 106505.

[30] Wang X J, Wu K, Huang W X, et al. Study on fracture behavior of particulate reinforced magnesium matrix composite using *in situ* SEM [J]. Composites Science and Technology, 2007, 67(11): 2253-2260.

[31] He G J, L W Z. Influence of nano particle distribution on the strengthening mechanisms of magnesium matrix composites [J]. Acta Mater Compositae Sin, 2013, 30(2): 105.

[32] 聂凯波. 多向锻造变形纳米 SiC$_p$/AZ91 镁基复合材料组织与力学性能研究 [D]. 哈尔滨：哈尔滨工业大学, 2012.

[33] Nie K B, Wang X J, Hu X S, et al. Microstructure and mechanical properties of SiC nanoparticles reinforced magnesium matrix composites fabricated by ultrasonic vibration [J]. Mater Sci Eng A, 2011, 528(15): 5278-5282.

[34] 王忠海, 陈善华, 康鸿越. 镁基复合材料强化机制 [J]. 轻金属, 2007, (11): 37-40.

[35] Immarigeon J P, Holt R T, Koul A K, et al. Lightweight materials for aircraft applications [J]. Mater Charact, 1995, 35(1): 41-67.

[36] Ma X, Huang C X, Moering J, et al. Mechanical properties of copper/bronze laminates: role of

interfaces [J]. Acta Mater, 2016, 116: 43-52.

[37] Huang C X, Wang Y F, Ma X, et al. Interface affected zone for optimal strength and ductility in heterogeneous laminate [J]. Mater Today, 2018, 21: 713-719.

[38] Koseki T, Inoue J, Nambu S. Development of multilayer steels for improved combinations of high strength and high ductility [J]. Mater Trans, 2014, 55(2): 227-237.

[39] Monazzah A H, Pouraliakbar H, Bagheri R, et al. Al-Mg-Si/SiC laminated composites: fabrication, architectural characteristics, toughness, damage tolerance, fracture mechanisms [J]. Compos B Eng, 2017, 125: 49-70.

[40] 陈兴章. 层状金属复合材料技术创新及发展趋势综述 [J]. 有色金属材料与工程, 2017, 38(2): 63-66.

[41] 赵莹莹, 王泽宇, 龚潇雨, 等. 铜铝异步轧制复合工艺及组织性能 [J]. 焊接学报, 2016, 37(11): 71-74.

[42] Nie J, Liu M, Fang W, et al. Fabrication of Al/Mg/Al composites via accumulative roll bonding and their mechanical properties [J]. Materials, 2016, 9(11): 951.

[43] 王宏伟. 三维层界面 Al/Mg/Al 复合板材的制备、显微组织与力学性能 [D]. 太原：太原理工大学, 2021.

[44] 罗许. 复合挤压法制备超细晶铝合金及其性能、组织演变的研究 [D]. 昆明：昆明理工大学, 2009.

[45] Xin Y, Rui H, Bo F, et al. Fabrication of Mg/Al multilayer plates using an accumulative extrusion bonding process [J]. Mater Sci Eng A, 2015, 640(29): 210-216.

[46] Wu Y, Feng B, Xin Y, et al. Microstructure and mechanical behavior of a Mg AZ31/Al 7050 laminate composite fabricated by extrusion [J]. Mater Sci Eng A, 2015, 640: 454-459.

[47] 崔圣强, 吴倩, 范敏郁, 等. 热压复合制备钛/铝层状复合材料界面组织演变研究 [J]. 机械制造与自动化, 2017, 58(5): 20-23.

[48] Wang B, Ai T, Wang T, et al. Interface regulation effects on mechanical behavior of heterostructure Ti6Al4V/TiAl-based laminated composite sheets [J]. Ceram Int, 2022, 48(18): 25984-25995.

[49] Xu D, Meng L, Zhang C, et al. Interface microstructure evolution and bonding mechanism during vacuum hot pressing bonding of 2A12 aluminum alloy [J]. Mater Charact, 2022, 189: 111997.

[50] 宋鸿玉. 爆炸复合技术 [J]. 中国钛业, 2013, (3): 42-46.

[51] 朱磊, 刘林杰, 王虎年. 热处理对铜/钢爆炸复合材料的影响 [J]. 兵器装备工程学报, 2023, 44(4): 1-6.

[52] Athar M H, Tolaminejad B. Weldability window and the effect of interface morphology on the properties of Al/Cu/Al laminated composites fabricated by explosive welding [J]. Mater Des, 2015, 86: 516-525.

[53] 曹苗. Ti/Al 层状复合材料的微观组织、力学性能和成形行为研究 [D]. 太原：太原理工大学, 2021.

[54] 单硕. 基于熔融沉积型金属复合材料 3D 打印的工艺参数对成型坯翘曲变形的影响及改进[D]. 汕头：汕头大学, 2022.

[55] 关贺聲. 喷射成形双金属复合板准热等静压研究 [D]. 哈尔滨：哈尔滨工业大学, 2017.

[56] Du Y, Fan G, Yu T, et al. Laminated Ti-Al composites: processing, structure and strength [J]. Mater Sci Eng A, 2016, 673: 572-580.

[57] Li D, Fan G, Huang X, et al. Enhanced strength in pure Ti via design of alternating coarse- and fine-grain layers [J]. Acta Mater, 2021, 206: 116627.

[58] Wu X R, Zhu Y. Heterogeneous materials: a new class of materials with unprecedented mechanical properties [J]. Mater Res Lett, 2017, 5: 527-532.

[59] Chen Y, Nie J, Wang F, et al. Revealing hetero-deformation induced (HDI) stress strengthening effect in laminated Al-(TiB2+TiC)p/6063 composites prepared by accumulative roll bonding [J]. J Alloys Compd, 2020, 815: 152285.

[60] Ojima M, Inoue J, Nambu S, et al. Stress partitioning behavior of multilayered steels during tensile deformation measured by *in situ* neutron diffraction [J]. Scripta Mater, 2012, 66(3-4): 139-142.

[61] Huang M, Xu C, Fan G, et al. Role of layered structure in ductility improvement of layered Ti-Al metal composite [J]. Acta Mater, 2018, 153: 235-249.

[62] Liu Y, Deng K K, Zhang X C, et al. Investigations of PMMCs laminates with regulatable thickness ratio: microstructure, mechanical behavior and fractural mechanism [J]. Mater Sci Eng A, 2022, 856: 143997.

[63] Wang H W, Wang C J, Deng K K, et al. Microstructure and mechanical properties of Al/Mg/Al composite sheets containing trapezoidal shaped intermediate layer [J]. Mater Sci Eng A, 2021, 811: 140989.

[64] Cao M, Wang C J, Deng K K, et al. Effect of interface on mechanical properties and formability of Ti/Al/Ti laminated composites [J]. J Mater Res Technol, 2021, 14: 1655-1669.

第 2 章　碳化硅增强镁基层状材料的挤压复合成形

2.1　引　　言

镁合金具有低密度、高比强度和比刚度、阻尼和减震性能好等优点，成为汽车、电子通信和航空航天等领域不可缺少的结构材料[1-3]。然而镁合金模量低、硬度低以及耐磨性较差等缺点限制了其发展。颗粒增强镁基复合材料(PMMCs)不仅密度低，还拥有较高的耐磨性、硬度和模量，弥补了镁合金的缺陷，扩展了其在工业领域的发展和应用[4-6]。

制备 PMMCs 的方法通常为粉末冶金法、搅拌铸造法、熔体浸渗法和喷射沉积法[7,8]，其中搅拌铸造法工艺简单，且生产成本低，在工业生产中最有应用前景。但是采用搅拌铸造法制备的 PMMCs 通常存在气孔和缩松等缺陷，为了进一步改善 PMMCs 的性能，学者们对其进行大塑性变形处理，如锻造[9]、挤压[10]、轧制[11]等。研究者[12]对 10vol %的 10μm SiC_p/AZ91 锻造变形改善了颗粒分布，细化了晶粒，提升了力学性能。Li 等[13]进一步对 SiC_p/Mg-Zn-Ca 进行热挤压研究，研究发现在低温慢速挤压时，晶粒细化，均匀析出的细小的相使得材料的性能有很大的改善。然而，因 PMMCs 轧制易开裂的问题[14]，关于其轧制方面的研究较少。对于增强体为纳米级的 PMMCs 而言，其轧制抗力小，目前已实现了纳米 SiC_p 增强 PMMCs 的轧制成形。但因颗粒含量过低(小于 2vol%)，对镁基体弹性模量提高不显著。对于微米级的 PMMCs 而言，根据 SiC_p 含量的不同(15vol%~20vol%)，弹性模量可达 60~75GPa[15,16]，因其塑性差，难以进行板材轧制成形。解决微米颗粒增强复合材料板材成形问题，制备出高弹性模量和强度的轻质板材，是实现其在航天舱体桁架、飞机蒙皮、发动机罩等航空航天领域应用的关键。

将塑韧性好的镁合金引入 PMMCs 内，制备出强韧性兼顾的碳化硅增强镁基层状材料(PMMCs/Mg 层状材料)，有望实现高体积分数 PMMCs 的轧制成形。金属层状材料的制备方法一般有扩散焊接法、爆炸复合法、轧制复合法及挤压复合法，最常用的是轧制复合法[17]。Ma 等[18]采用累积叠轧法(ARB)制备出铜/青铜多层板，发现不同层的晶粒尺寸和硬度存在差异。Nie 等[19]采用热轧制备出 Al/Mg/Al

层状材料，发现界面处存在金属间化合物，且拉伸过程中，裂纹主要在硬质金属间化合物中扩展。比较而言，挤压复合不仅工艺简单，还可减少材料表面的氧化，改善界面的结合，是难变形材料的理想复合方法[20]。

近年来，金属挤压复合方法得到广泛关注。Wu 等[21]通过挤压复合法成功制备出 AZ31/7050 镁铝层状材料，并研究了其显微组织、织构和力学性能。结果表明，硬质铝显著提高了层状材料的屈服强度，抗拉强度略低于根据混合法则计算的理论值，这是因为镁层和铝层在达到其抗拉强度之前就发生了断裂。Chen 等[22]提出一种制备 Al/Mg/Al 多层板的孔模共挤(PCE)的工艺，挤压过程中铝和镁原子相互扩散，在界面处形成扩散层，其厚度随挤压温度的升高而增加，而界面处由于没有形成金属间化合物硬度低于镁基体和铝基体。Mahmoodkhani 等[23]在450℃采用挤压复合法制备出铝包镁棒材，还建立了一个反映挤压过程的数学模型，用以揭示挤压过程中镁合金与铝合金的材料流动以及冶金反应。

为此，本章采用半固态搅拌铸造法制备出体积分数为 10%的 5μm SiC_p/AZ91，通过挤压复合的方式将 AZ91 合金引入至 SiC_p/AZ91 材料(PMMCs)中，制备出 PMMCs/AZ91 层状材料。分析 PMMCs 和 AZ91 层内的显微结构，研究 PMMCs/AZ91 层界面处的硬度、析出相及界面演化机制。在此基础上，探讨固溶预处理对复合板显微组织和力学性能的影响规律。

2.2 挤压复合 SiC 增强镁基层状材料的制备工艺

本章采用的颗粒增强镁基复合材料为半固态搅拌铸造法制备的 SiC_p/AZ91 镁基复合材料(PMMCs)，其 SiC_p 尺寸为 5μm，体积分数为 10%。PMMCs/AZ91 层状材料的制备工艺，如图 2-1 所示，首先利用线切割得到 1 块尺寸为 40mm×25mm×5mm 的 AZ91 板材和 2 块尺寸为 40mm×25mm×10mm 的复合材料板材；对三块板进行打磨并填充到直径和高度均为 40mm 的 AZ91 空心圆柱体中，然后在不同温度(300℃、350℃、400℃)下挤压得到 PMMCs/AZ91 层状材料。将外层 AZ91 命名为"A"，PMMCs 层命名为"C"，内层 AZ91 为"A_I"，外侧界面为"Interface Ⅰ"，内侧界面为"Interface Ⅱ"。

PMMCs/AZ91 层状材料具体热挤复合工艺如下：

(1)将挤压模具套筒和凹模组装好，放入压力机上的电阻炉内，将温控箱调至 150℃时，在套筒内侧涂抹石墨油，减少挤压过程中材料与模具的摩擦；

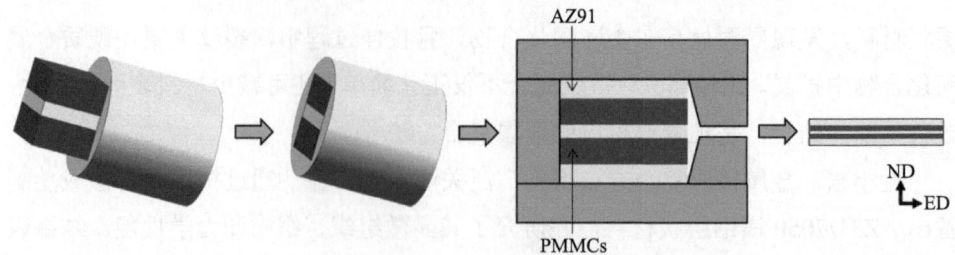

图 2-1 PMMCs/AZ91 层状材料挤压复合示意图

(2)挤压材料预热至指定温度并保温 40min，然后取出放入挤压套筒中进行挤压；

(3)挤压结束后，得到宽度为 20mm、厚度为 2mm 的复合板。本研究中，所有材料的挤压比均为 31∶1，挤压速率均为 0.1mm/s。

本章采用光学显微镜和扫描电镜对试样挤压复合板纵截面（ED-ND 面）进行显微组织观察，并采用能谱仪（EDS）对挤压和轧制态复合板进行元素分析。利用 Image Pro-Plus 软件对平均晶粒尺寸以及析出相的分布和平均尺寸进行统计测量。

采用型号为 HV-1000 的维氏硬度计对复合板纵截面（ED-ND 面）进行显微硬度测试，载荷为 300g，加载时间为 10s。在 Instron5569 万能试验机上进行室温拉伸试验，拉伸速率为 0.5mm/min。

2.3 挤压复合 SiC 增强镁基层状材料的显微组织

图 2-2 是在 400℃挤压下的 PMMCs/AZ91 层状材料中合金层的显微组织和晶粒尺寸分布图。从图 2-2(a)和(c)中可以看出外层合金（"A"）比内层合金（"A_1"）平均晶粒尺寸大。这是因为在挤压过程中，外层合金与模具壁摩擦会产生额外的热量，从而促进晶粒的长大。图 2-2(b)、(d)分别为 "A" 和 "A_1" 层的 SEM 图，可以看出内外合金层中均存在细小的析出相以及大块破碎的第二相，挤碎的第二相沿挤压方向排布，其大多沿晶界分布，对晶粒生长起到一定的阻碍作用。

图 2-3 为在不同温度下挤压复合 PMMCs/AZ91 层状材料中内层合金的低倍及高倍光学显微组织。从图 2-3(a)、(c)、(e)中可以看出，热挤压后内层合金发生了完全的动态再结晶，晶粒细化，而且随着挤压温度的升高，合金组织更均匀。从图 2-3(b)中可以看出，合金层中存在一些沿挤压方向分布的第二相（如图中虚

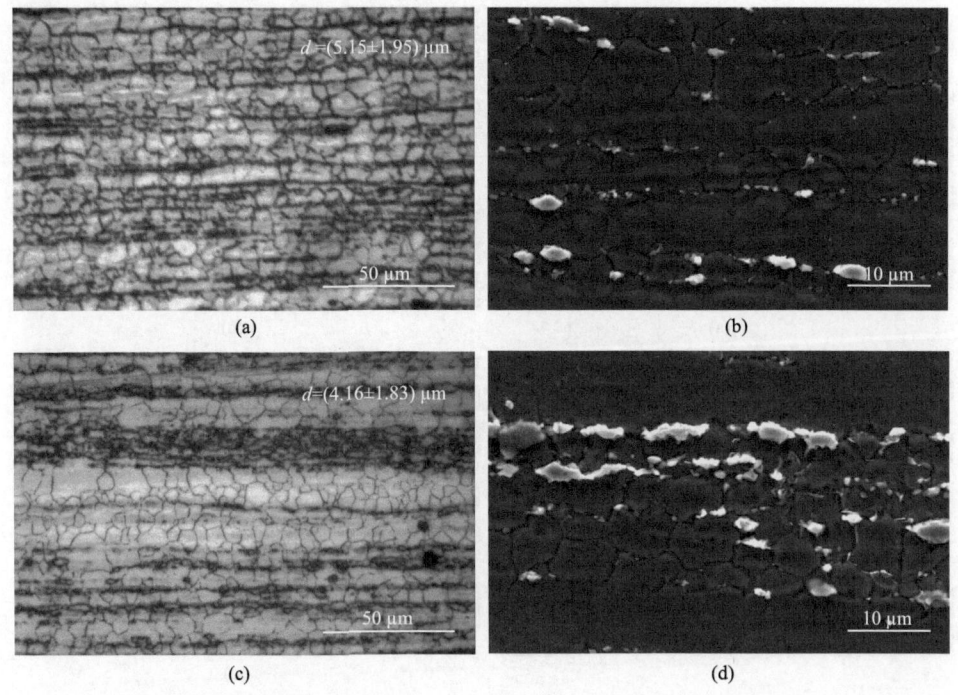

图 2-2　400℃挤压复合 PMMCs/AZ91 层状材料中合金层的显微组织和晶粒尺寸分布图
(a)(b) 外层合金；(c)(d) 内层合金

线框所示），由于第二相对再结晶晶粒的长大有阻碍作用，因此第二相附近晶粒尺寸较小，而远离第二相的区域晶粒尺寸较大。随挤压温度的升高，内层合金晶粒尺寸变大，长条状第二相数量减少，组织均匀性提高，如图 2-3(d)、(e) 所示。主要是因为挤压温度越高，晶界的扩散系数越大，使晶界迁移率提高，晶粒长大愈加明显。

不同温度下挤压复合 PMMCs/AZ91 层状材料中内层 AZ91 合金的 SEM 组织，如图 2-4 所示。从图 2-4(a) 可以看出，300℃挤压时内层合金中存在大块的第二相，且沿挤压方向呈条带状分布；随着温度的升高，大块第二相基本消失，如图 2-4(c)、(e) 所示。图 2-4(b)、(d)、(f) 为内层合金 SEM 的高倍图，表 2-1 给出图 2-4 中 4 个点的 EDS 结果，主要含 Mg、Al 两种元素，结合目前关于 Mg-Al 合金的现有研究结果，可以确定合金层中的第二相为 $Mg_{17}Al_{12}$，且随着挤压温度的升高，尺寸分布更加均匀。

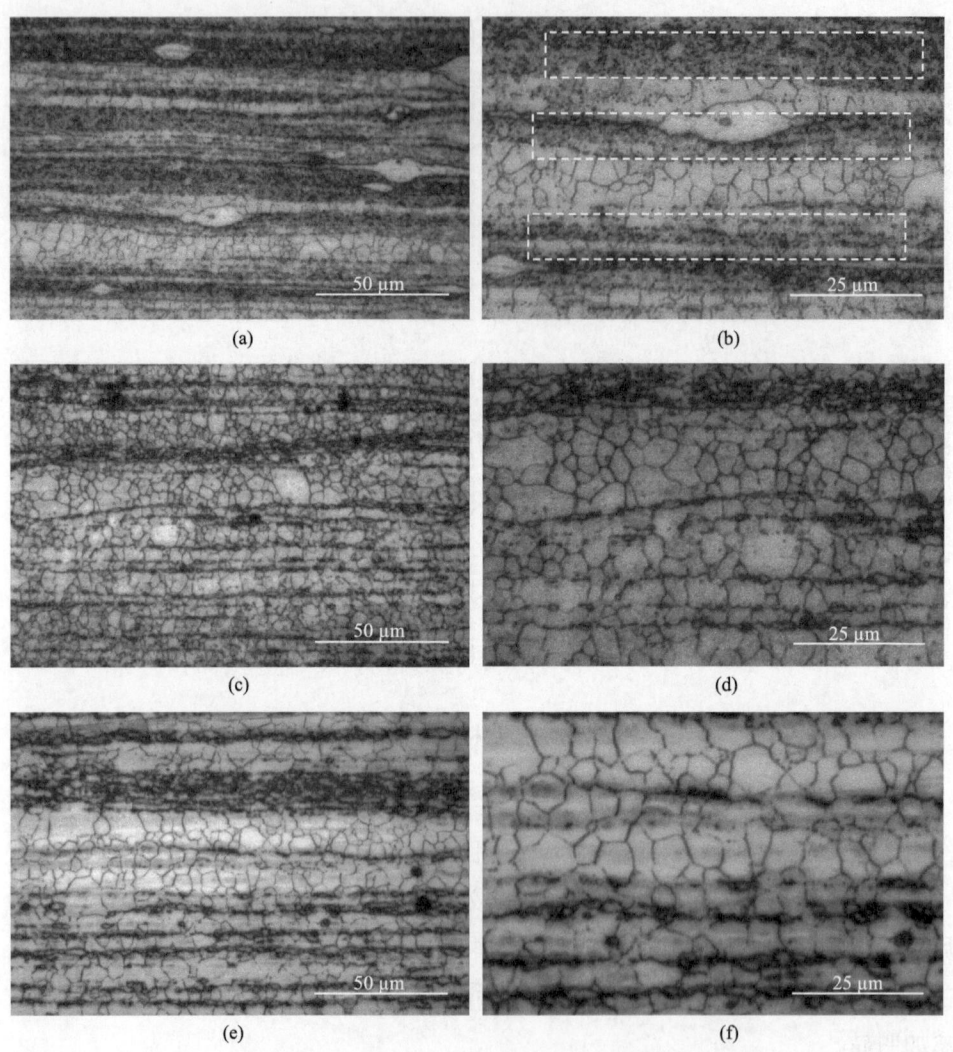

图 2-3 挤压复合 PMMCs/AZ91 层状材料中 "A_I" 层的 OM 组织
(a)(b) 300℃；(c)(d) 350℃；(e)(f) 400℃

图 2-5 是在不同温度下挤压复合 PMMCs/AZ91 层状材料中 PMMCs 层的光学显微组织。可以看出，在不同温度挤压后，PMMCs 层均发生了完全动态再结晶，随着挤压温度由 300℃升高到 400℃，SiC_p 的分布得到改善。因为温度越高，AZ91 基体的流动性越好，在挤压过程中 SiC_p 运动时阻力更小，基体更容易进入 SiC 颗粒之间，减少 SiC_p 的团聚，使其分布更加均匀。与 AZ91 合金层类似，不同温度下挤压的 SiC_p/AZ91 复合材料层的晶粒尺寸随着挤压温度的升高，晶粒尺寸逐渐

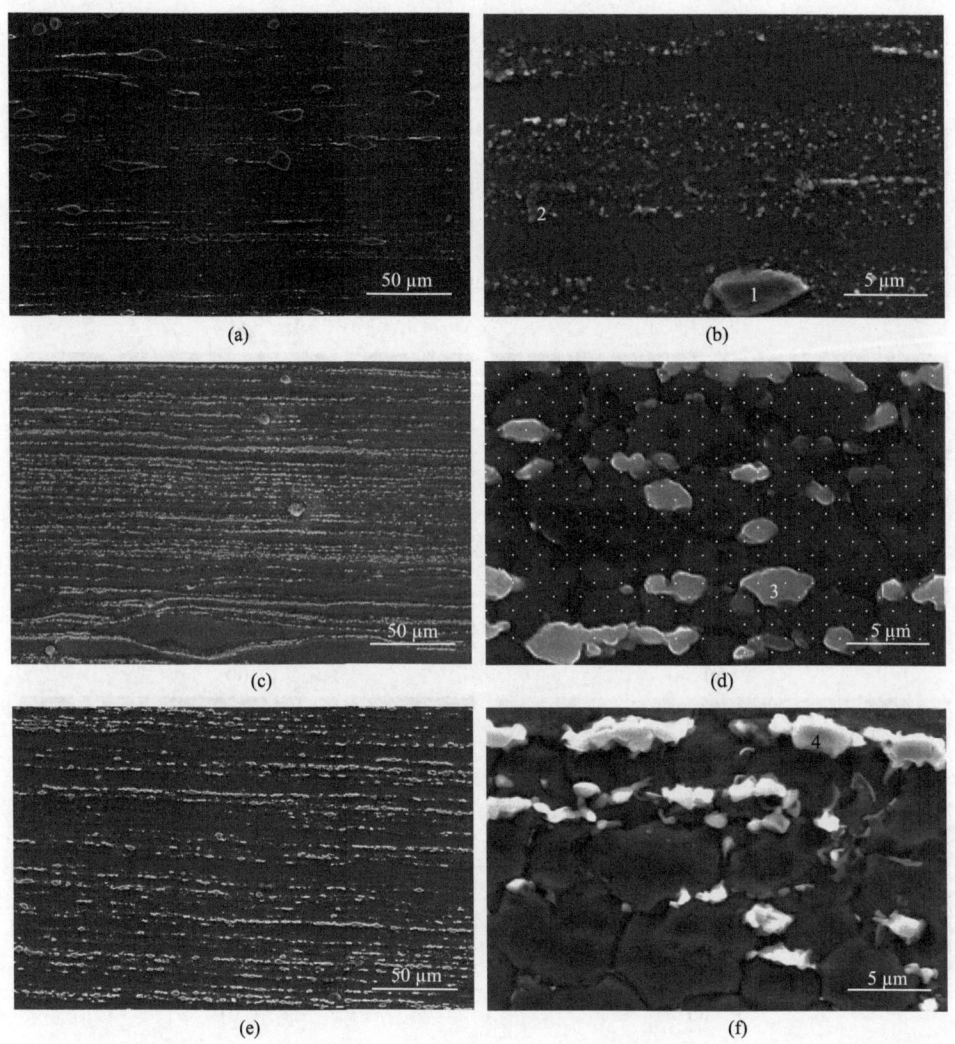

图 2-4 挤压复合 PMMCs/AZ91 层状材料中 "A₁" 层的 SEM 组织
(a) (b) 300℃；(c) (d) 350℃；(e) (f) 400℃

增大，但与合金层的晶粒相比，其尺寸明显减小。一方面是由于硬质 SiC_p 与软质 AZ91 基体在挤压过程中存在变形不匹配，导致 SiC_p 周围存在较高的位错密度，促进动态再结晶形核；另一方面 SiC_p 的存在对晶界迁移有阻碍作用，从而抑制晶粒长大。以上两个原因导致了复合材料层晶粒的细化。

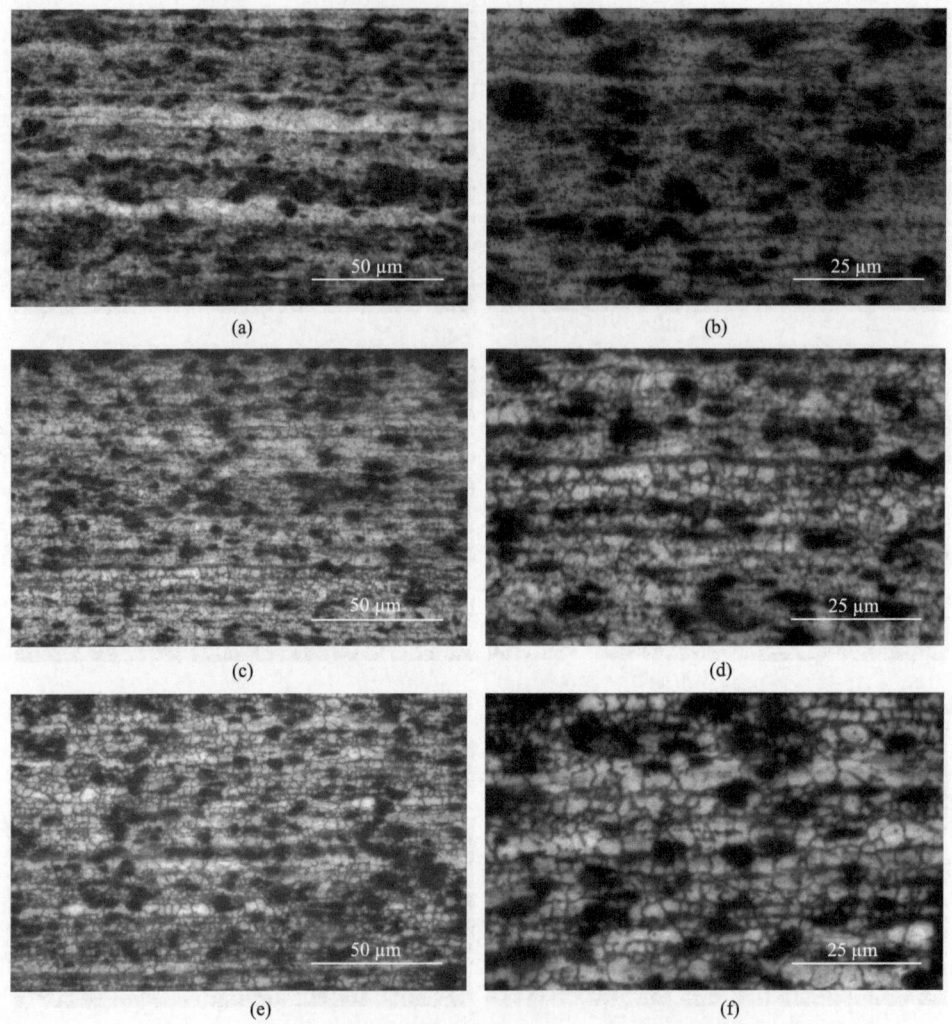

图 2-5 挤压复合 PMMCs/AZ91 层状材料中 PMMCs 层的 OM 组织
(a)(b)300℃；(c)(d)350℃；(e)(f)400℃

图 2-6 为不同温度挤压复合 PMMCs/AZ91 层状材料中 PMMCs 层的 SEM 显微组织，从图 2-6(a)中可以看出，在挤压过程中 PMMCs 层析出细小的 $Mg_{17}Al_{12}$ 相，且其大部分沿晶界分布。在 Lee[24]的研究中，发现由于 Al 原子扩散不充分，在晶界处存在 Al 溶质的元素偏析。此外，晶界处缺陷较多，为 Al 原子扩散提供了快速通道，而且 $Mg_{17}Al_{12}$ 相在晶界处的形核势垒相对较低[24]，导致 $Mg_{17}Al_{12}$ 相沿晶界析出。随挤压温度由 300℃增高至 400℃，如图 2-6(b)、(c)所示，晶粒

更容易长大,晶界数量减少,$Mg_{17}Al_{12}$ 相形核数量减少,导致 $Mg_{17}Al_{12}$ 相数量随温度升高呈下降趋势。

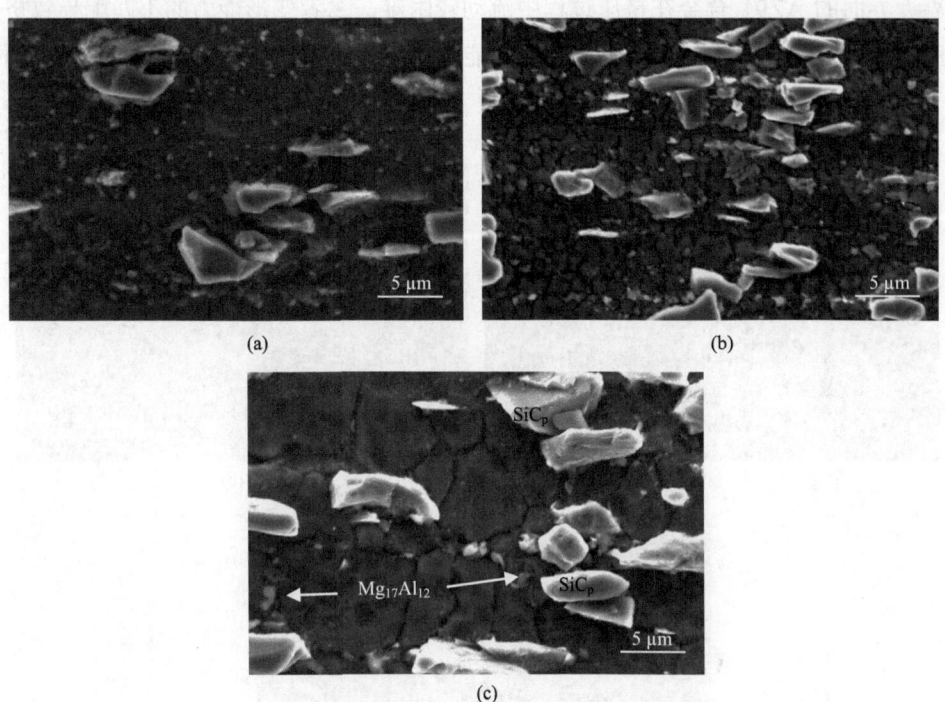

图 2-6 挤压复合 PMMCs/AZ91 层状材料中 PMMCs 层的 SEM 组织
(a) 300℃; (b) 350℃; (c) 400℃

表 2-1 图 2-4 中所示 4 个点的 EDS 结果

位置	元素		
	Mg	Al	Zn
1	68.8	31.1	0.1
2	67.1	31.3	1.6
3	73.4	25.1	1.5
4	76.9	21.9	1.2

图 2-7 是在不同温度下挤压复合 PMMCs/AZ91 层状材料内层界面的 OM 组织。可以看出,不同挤压温度下 PMMCs/AZ91 层状材料中合金层与复合材料层界面处均未出现明显的分层及开裂现象。同时,随着挤压温度的提高,界面处部分

晶粒的晶界贯穿 AZ91 层与复合材料层,从而形成牢固的冶金结合。这是因为由于 SiC$_p$ 的存在,SiC$_p$/AZ91 复合材料在热变形过程中的流动性低于 AZ91 合金,靠近界面的 AZ91 合金在挤压过程中流动较困难,二者变形能力的不匹配导致挤压过程中产生摩擦力,带来更高的储存能和动态再结晶(DRX)形核率,更加有利于界面处的冶金结合。

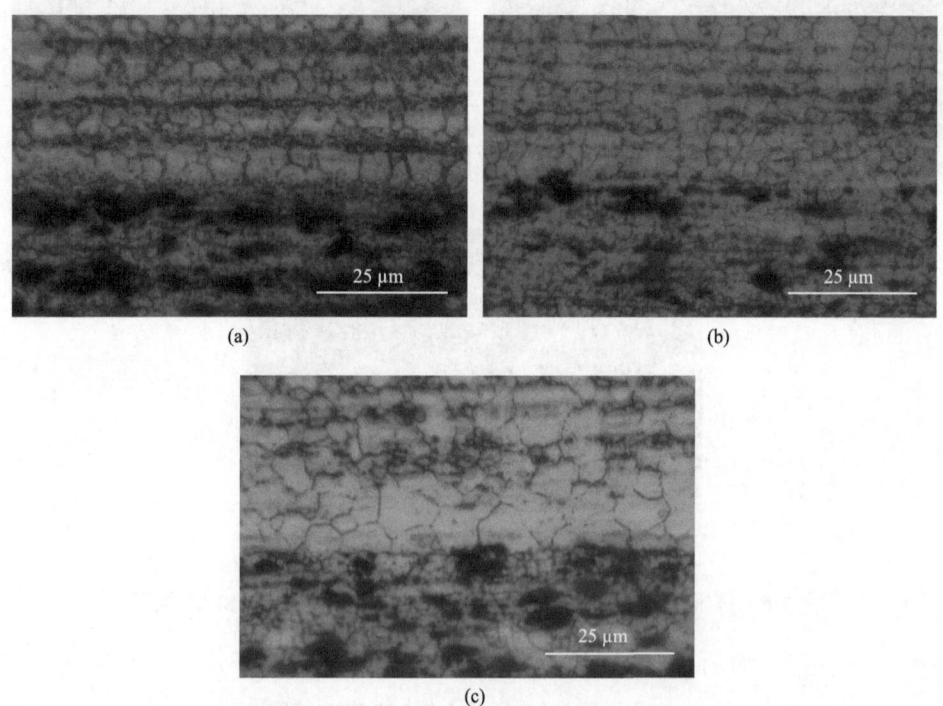

图 2-7 挤压复合 PMMCs/AZ91 层状材料中内层界面的 OM 组织
(a) 300℃;(b) 350℃;(c) 400℃

2.4 挤压复合 SiC 增强镁基层状材料的界面演化规律

350℃挤压复合 PMMCs/AZ91 层状材料的料头形貌及挤压过程中内层界面的光学显微组织,如图 2-8 所示。图 2-8(a)为挤压料头的宏观形貌,选取了 5 个位置进行研究,其相应光学显微组织如图 2-8(b)~(f)所示。

位置 1 和位置 2 为挤入凹模前的部分,位置 3 为刚挤入凹模的部位,位置 4 为凹模的部位,位置 5 为挤出凹模的部位。在进入凹模前,如图 2-8(b)、(c)所

第 2 章 碳化硅增强镁基层状材料的挤压复合成形

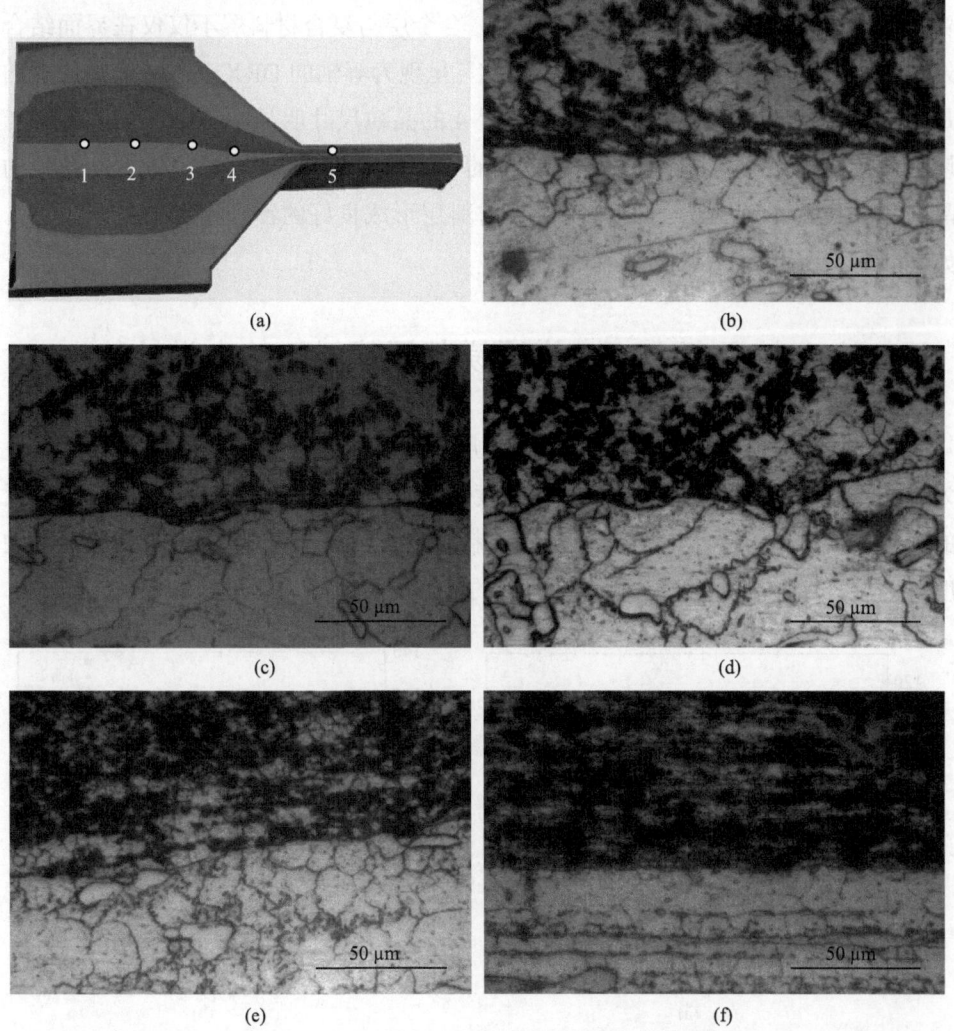

图 2-8 350℃挤压复合 PMMCs/AZ91 层状材料的料头形貌及挤压过程中内层界面的 OM 组织
(a)宏观形貌；(b)~(f)分别为图(a)中位置 1、2、3、4、5 的显微组织

示位置 1 和位置 2，合金层与复合材料层的界面层明显并且平直，合金层中在靠近界面处优先发生 DRX。这是因为挤压过程中两种材料由于塑性不同，变形不协调，因此在界面处存在较多位错，促进 DRX 形核。当坯料进入凹模行进至位置 3 时，合金层与复合材料层的界面结合更加紧密，界面弯曲程度逐渐明显，如图 2-8(d)所示。随着挤压进行至位置 4 时，如图 2-8(e)所示，坯料发生明显塑性变形，合金层与复合材料层发生明显结合，界面难以分辨，晶界可以穿过界面。

随着变形储能增加，再结晶驱动力变大，合金层与复合材料层不仅仅在界面结合处发生 DRX，而是在整个层间发生 DRX，呈现为等轴的 DRX 晶粒。值得注意的是，DRX 使得组织更加均匀，因此位置 4 的晶粒尺寸明显小于之前的位置。当坯料最后挤出凹模时，已经发生了完全的 DRX 以及存在部分沿挤压方向拉长的晶粒，如位置 5 所示，合金层与复合材料层形成良好的冶金结合，界面平直，如图 2-8(f) 所示。

2.5　挤压复合 SiC 增强镁基层状材料的力学性能

图 2-9 给出挤压复合 PMMCs/AZ91 层状材料的显微硬度值，其中图 2-9 (a) 为挤压温度为 400℃时复合板的显微硬度，图 2-9 (b) 为不同温度下挤压的复合板的显微硬度统计。PMMCs/AZ91 层状材料中"C"层，即 SiC$_p$/AZ91 层的显微硬度远高于"A"层和"A$_1$"层，界面处的显微硬度位于两层之间。

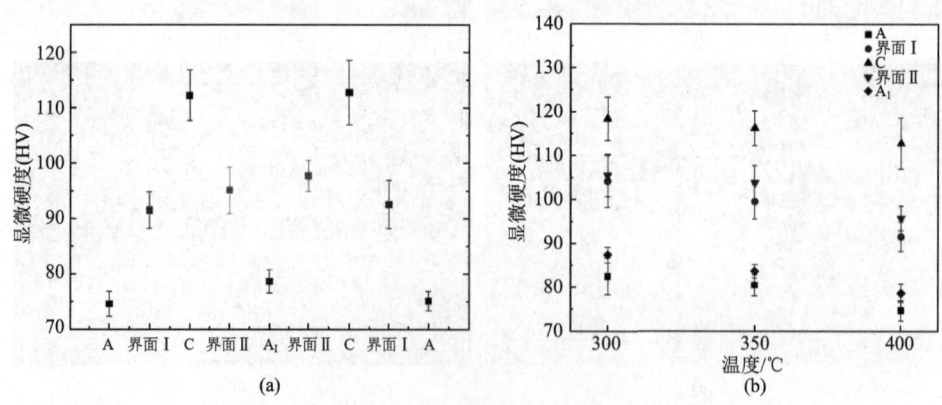

图 2-9　挤压复合 PMMCs/AZ91 层状材料的显微硬度
(a) 400℃挤压复合板的显微硬度；(b) 不同温度下挤压的复合板的显微硬度

硬质 SiC$_p$ 对镁基体硬度的贡献主要源于以下两个方面：一是由于 SiC$_p$ 与 Mg 基体的热膨胀系数不同，热变形后 SiC$_p$ 周围产生大量的热错配位错，利于硬度的提高；二是复合材料内的晶粒尺寸小于合金层，根据 Hall-Petch 关系[25, 26]，晶粒尺寸减小，强度增大。此外，"A$_1$"层与内侧界面Ⅱ硬度略高于"A"层与外侧界面Ⅰ，这是因为在挤压过程中外侧合金与模具壁摩擦会产生额外的热量，从而使晶粒长大，硬度降低。当挤压温度由 300℃提高至 400℃时，PMMCs/AZ91 层状材料中合金层与复合材料层中动态再结晶晶粒发生明显长大,同时动态析出的 $Mg_{17}Al_{12}$ 相数量显著减少,因此随着挤压温度的升高,PMMCs/AZ91 层状材料的显微硬度降低。

PMMCs/AZ91 层状材料在不同挤压复合温度下的室温拉伸应力-应变曲线,如图 2-10(a)所示,相应的屈服强度(YS)、抗拉强度(UTS)、伸长率(EL)和弹性模量分别在图 2-10(b)和(c)中给出。当挤压复合温度为 300℃时,YS 和 UTS 分别为 264MPa 和 330MPa,且其均随挤压复合温度的升高而降低,当挤压复合温度提高至 400℃时,复合板的 YS 和 UTS 分别降至 220MPa 和 293MPa,EL 则由 1.57%增至 2.13%,模量变化不大,均接近 50GPa。合金层和"C"层的平均晶粒尺寸均随挤压温度的升高而增大,导致屈服强度减小。此外,如前文所述,当挤压温度由 300℃提高至 400℃时,$Mg_{17}Al_{12}$ 相数量较少,使第二相强化减弱,提高了位错可动性,所以伸长率随温度的升高而增加。

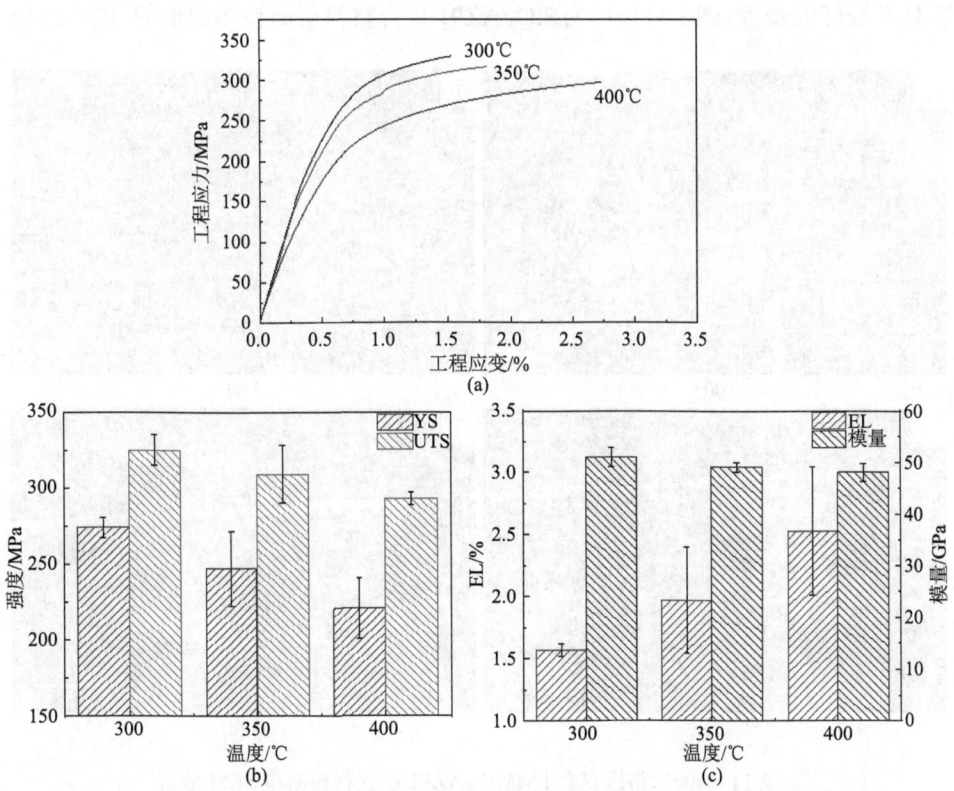

图 2-10 挤压复合 PMMCs/AZ91 层状材料的室温拉伸性能
(a)室温拉伸曲线;(b)强度;(c)伸长率

单一的 AZ91 板材模量为 45GPa，PMMCs/AZ91 层状材料拥有更高的模量。根据混合法则：

$$E_c = E_1 \cdot V_1 + E_2 \cdot V_2 \tag{2-1}$$

式中，E_i 和 V_i(i=1,2) 分别为复合板中"i"组分的弹性模量和体积分数，AZ91 的弹性模量和体积分数分别为 45GPa 和 60%，10vol% SiC$_p$/AZ91 的弹性模量和体积分数分别是 60GPa[27]和 40%。根据式(2-1)计算出的复合板的弹性模量为 51GPa，与实验测得的数值(约 50GPa)接近。

图 2-11 为 400℃挤压复合 PMMCs/AZ91 层状材料断口的 SEM 组织。图 2-11(a)为侧面断口的 SEM 组织，可以看出，PMMCs/AZ91 层状材料没有发生明显的界面剥离，界面结合良好。合金层与复合材料层呈 45°断裂，宏观断裂面形状逐渐接近"V"字形。图 2-11(b)为合金层与复合材料层界面，界面处结合良好，没有明显的分层，合金层与复合材料层均有大量韧窝，表明 PMMCs/AZ91 层状材料具有较好的塑性。图 2-11(c) 为 SiC$_p$/AZ91 复合材料层断口侧面形貌，图 2-11(d)

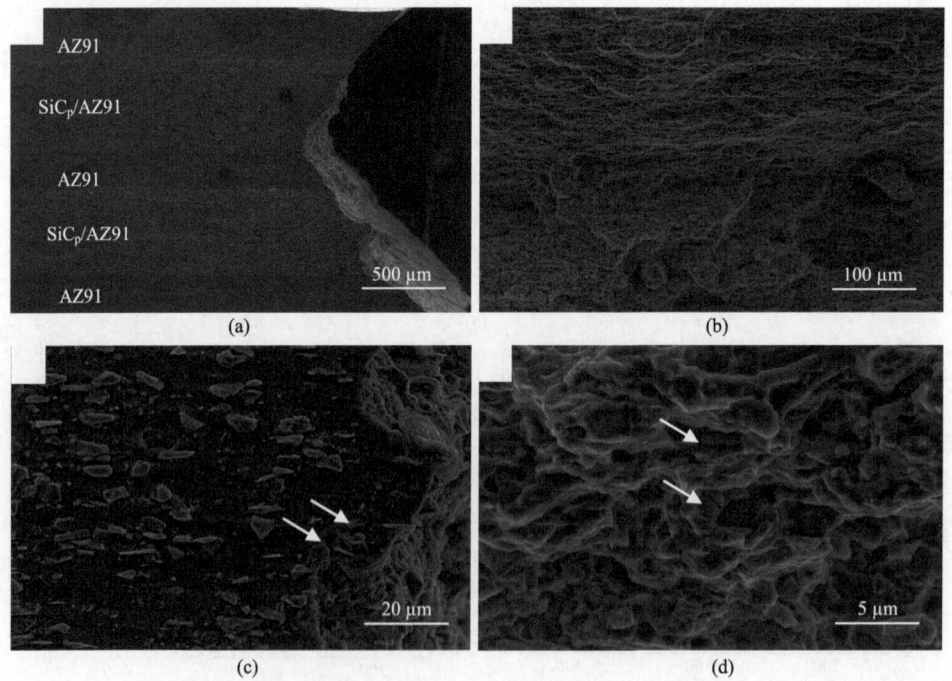

图 2-11　400℃挤压复合 PMMCs/AZ91 层状材料断口 SEM 形貌
(a)断口侧面；(b)界面处断口形貌；(c)复合材料层断口侧面；(d)复合材料层断口正面

为复合材料层断口正面形貌。可以看出，SiC$_p$/AZ91 复合材料层中，由于硬质 SiC 颗粒和镁基体的变形不协调，从而产生应力集中，当其超过颗粒与基体界面结合的强度时，SiC 颗粒与镁合金基体出现明显脱粘，如图 2-11(c)、(d)中箭头所示，并最终导致了 PMMCs/AZ91 层状材料断裂。

2.6 预固溶对挤压复合 SiC 增强镁基层状材料的影响规律探讨

2.5 节中讲述，基于挤压复合制备出界面结合良好的 PMMCs/AZ91 层状材料，然而，合金层中长条状的 Mg$_{17}$Al$_{12}$ 相，致使 PMMCs/AZ91 塑性降低、后续轧制成形难度大。考虑到 Mg$_{17}$Al$_{12}$ 相为热力学不稳定相，可通过固溶处理而消除。在 Kang 等[28]的研究中：AZ91 合金固溶处理后，在慢速挤压过程中会析出细小弥散的 Mg$_{17}$Al$_{12}$ 相，阻碍位错运动，提高其力学性能；Sun 等[25]对经固溶处理后的 SiC$_p$/AZ91 进行慢速挤压，发现基体中析出大量亚微米级 Mg$_{17}$Al$_{12}$ 相，晶粒尺寸得到进一步细化，复合材料强度得以显著提高。可见，预固溶有望促使 AZ91 合金和 PMMCs 在挤压过程中析出大量、细小的 Mg$_{17}$Al$_{12}$ 相，赋予 PMMCs/AZ91 层状材料更为优异的力学性能和后续轧制成形性能。

为此，本节将在上述研究的基础上，首先对 AZ91 及 PMMCs 进行固溶处理，随后对其进行挤压复合，获得 PMMCs/AZ91 层状材料。为便于阐述，这里将先经预固溶+挤压复合获得的 PMMCs/AZ91 层状材料命名为"ASC"，直接挤压复合获得的 PMMCs/AZ91 层状材料命名为"ACC"。

2.6.1 预固溶挤压复合 SiC 增强镁基层状材料的显微组织

预固溶挤压复合的 PMMCs/AZ91 层状材料中"A$_1$"层的 OM 组织，如图 2-12 所示。从图 2-12(a)、(b)、(c)中可以看出，经固溶处理后，不同温度挤压后的 PMMCs/AZ91 层状材料发生了完全的动态再结晶，且组织均匀，均未发现沿着挤压方向定向排布的第二相。从图 2-12(d)、(e)、(f)可以看出，与 2.5 节 PMMCs/AZ91 层状材料相比，未出现沿挤压方向排布的条带状第二相，晶粒尺寸分布也更均匀，随着挤压温度的升高，晶粒尺寸逐渐增大。

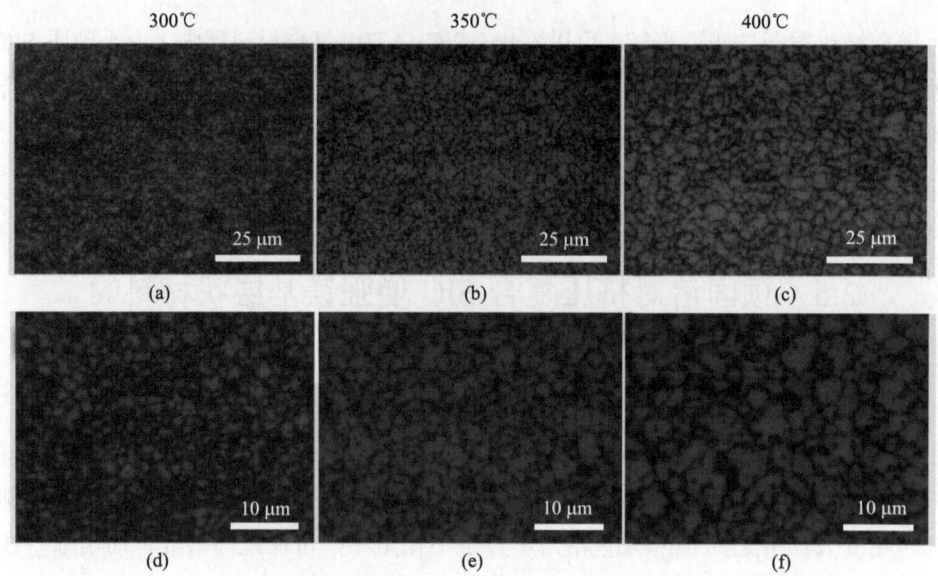

图 2-12　预固溶挤压复合 PMMCs/AZ91 层状材料中 "A_I" 层的 OM 组织

(a)(d) 300℃；(b)(e) 350℃；(c)(f) 400℃

预固溶挤压复合 PMMCs/AZ91 层状材料中 "A_I" 层的 SEM 组织，如图 2-13 所示。从图 2-13(a)、(b)、(c)可以看出，挤压复合后在晶粒内部及晶界处均出现

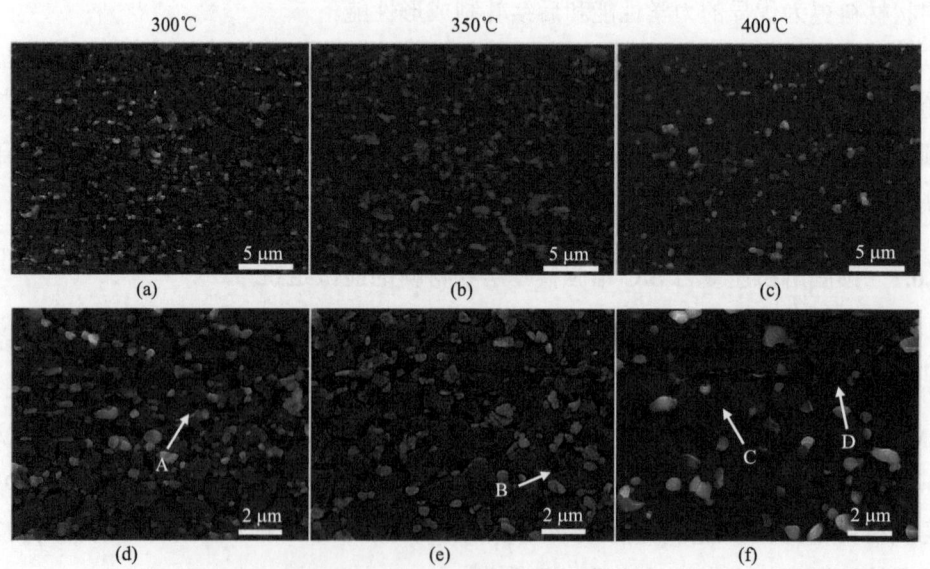

图 2-13　预固溶挤压复合 PMMCs/AZ91 层状材料中 "A_I" 层的 SEM 组织

(a)(d) 300℃；(b)(e) 350℃；(c)(f) 400℃

了细小的析出相,同时在图 2-13(d)、(e)、(f)高倍图中可以看出,大部分析出相沿晶界分布。图 2-14 为预固溶 PMMCs/AZ91 在 300℃挤压复合后的 XRD 图谱,可以看出除了 Mg 和 SiC 颗粒的峰之外,还有 $Mg_{17}Al_{12}$ 相的峰。另外,表 2-2 给出图 2-13 中 A、B、C 和 D 点的 EDS 结果,可以确定析出相为 $Mg_{17}Al_{12}$ 相。对不同温度挤压复合板中"A_1"层析出相尺寸及体积分数进行统计,统计结果如图 2-15 所示。当挤压温度为 300℃、350℃和 400℃时,析出相平均尺寸分别为 (0.24±0.12) μm、(0.36±0.15) μm 和 (0.42±0.20) μm,体积分数分别为 14.13%、13.3% 和 9.8%。可见,随着挤压复合温度的升高,$Mg_{17}Al_{12}$ 相尺寸逐渐增大,体积分数逐渐降低。

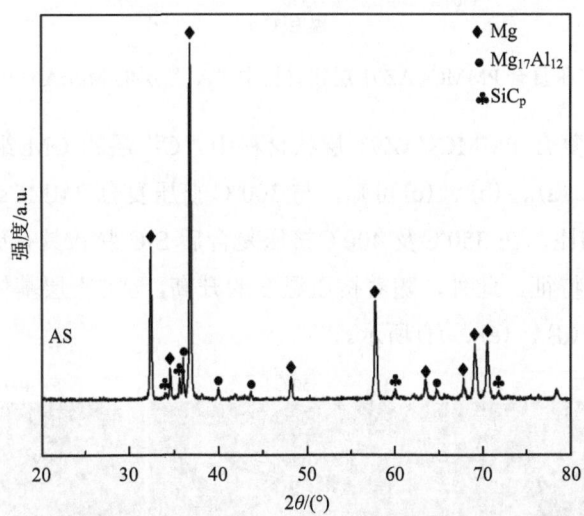

图 2-14 预固溶 300℃挤压复合 PMMCs/AZ91 层状材料的 XRD 图谱

表 2-2 图 2-13 中的 EDS 结果

位置	元素			可能的化合物
	Mg	Al	Zn	
A	70.8	29.2	0	$Mg_{17}Al_{12}$
B	78.8	20.3	0.9	$Mg_{17}Al_{12}$
C	62.9	35.6	1.5	$Mg_{17}Al_{12}$
D	78.2	21.8	0	$Mg_{17}Al_{12}$

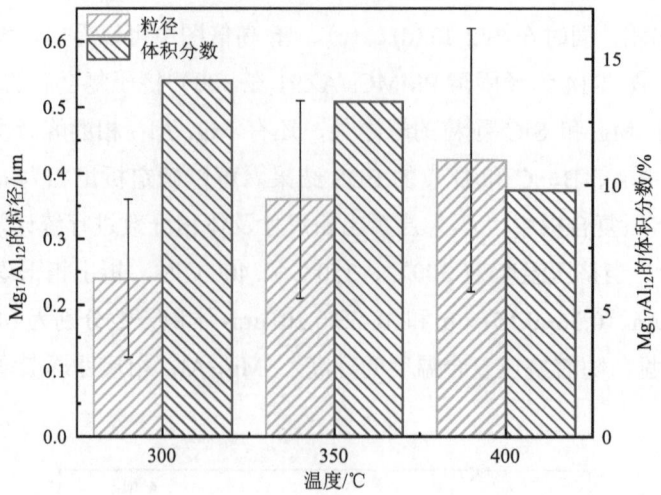

图 2-15 预固溶挤压复合 PMMCs/AZ91 层状材料中"A_1"层的 $Mg_{17}Al_{12}$ 相尺寸及体积分数

预固溶挤压复合 PMMCs/AZ91 层状材料中"C"层的 OM 组织，如图 2-16 所示。由图 2-16（a）、(b)、(c) 可知，与 300℃ 挤压复合 PMMCs/AZ91 中"C"层的 OM 组织相比，在 350℃ 及 400℃ 挤压复合后 SiC 颗粒具有更明显的沿挤压方向条状分布的特征。此外，随着挤压温度的升高，"C"层基体晶粒尺寸明显增大，如图 2-16(d)、(e)、(f) 所示。

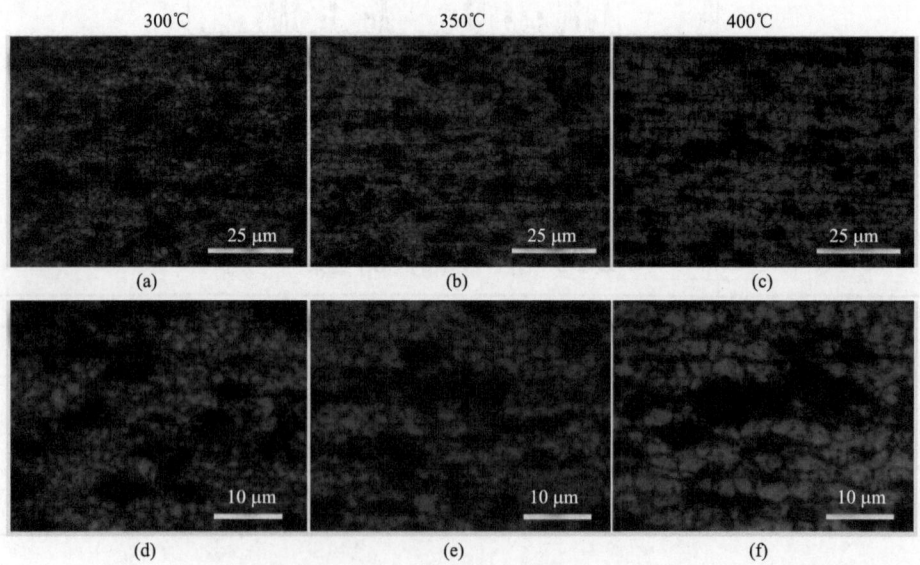

图 2-16 预固溶挤压复合 PMMCs/AZ91 层状材料中"C"层的 OM 组织
(a)(d) 300℃；(b)(e) 350℃；(c)(f) 400℃

图 2-17 为预固溶挤压复合 PMMCs/AZ91 层状材料中"C"层的 SEM 组织，从图 2-17(a)、(b)、(c)可以看出，不同温度挤压复合 PMMCs/AZ91 层状材料"C"层中均存在均匀细小的析出相。由图 2-17(d)、(e)、(f)可见，析出相少量存在于晶粒内部，大部分主要分布于晶界附近。

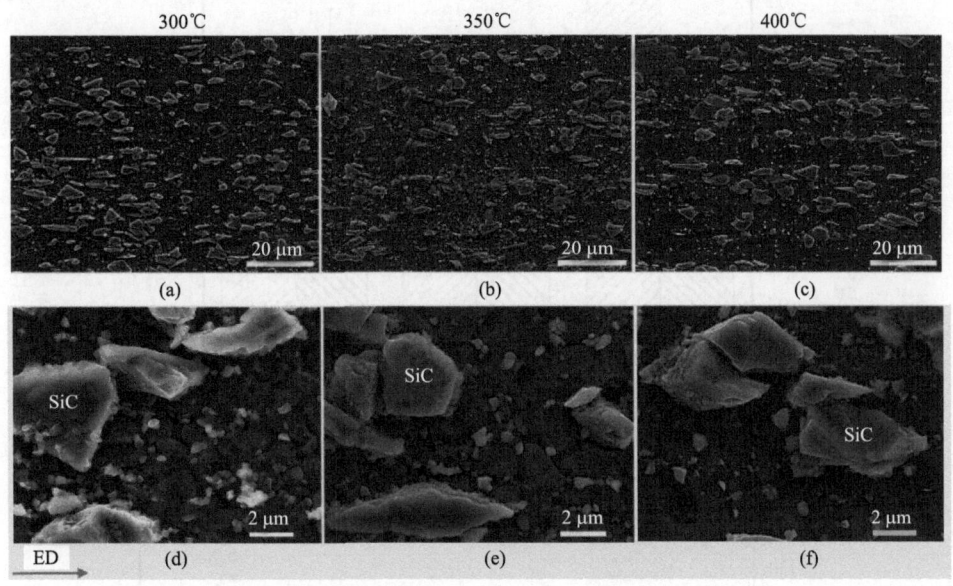

图 2-17 预固溶挤压复合 PMMCs/AZ91 层状材料中"C"层的 SEM 组织
(a)(d) 300℃；(b)(e) 350℃；(c)(f) 400℃

对比图 2-6 可知，预固溶挤压复合 PMMCs/AZ91 层状材料"C"层中的析出相含量明显增多。预固溶挤压复合 PMMCs/AZ91 层状材料中"C"层的 $Mg_{17}Al_{12}$ 相尺寸及体积分数统计结果，如图 2-18 所示，可以看出，当挤压温度由 300℃升高至 400℃时，$Mg_{17}Al_{12}$ 相尺寸略有增大，体积分数逐渐减小。

2.6.2 预固溶挤压复合 SiC 增强镁基层状材料的力学性能

预固溶挤压复合 PMMCs/AZ91 层状材料的显微硬度，如图 2-19 所示。当挤压温度为 300℃时，"A"层和"A_1"层硬度(HV)值分别为约 88 和约 91，"C"层硬度(HV)为约 121，可见复合材料层硬度明显大于合金层，这主要归因于：相比于合金层，复合材料层内不仅基体晶粒细小，而且在挤压复合过程中因 SiC 颗粒与基体变形匹配，导致基体中位错密度增大，致使复合材料层显微硬度提高；

此外，相比于内层合金，外层合金在挤压复合过程中产生热量多，致使晶粒长大，显微硬度有所降低。

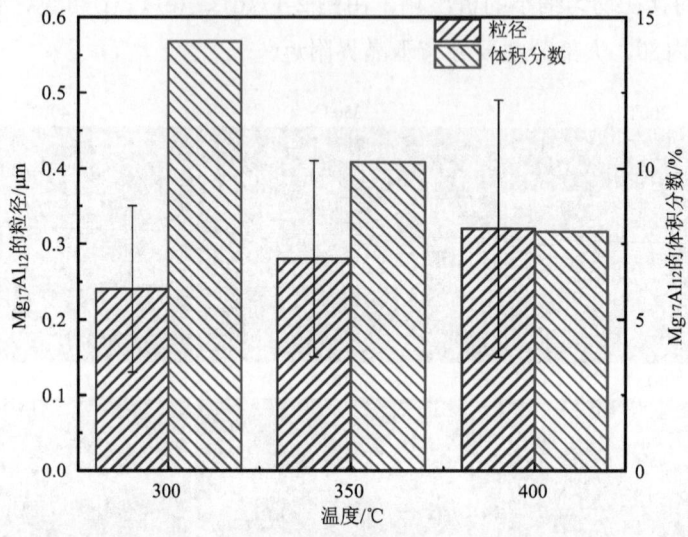

图 2-18 预固溶挤压复合 PMMCs/AZ91 层状材料中"C"层的 $Mg_{17}Al_{12}$ 相尺寸及体积分数

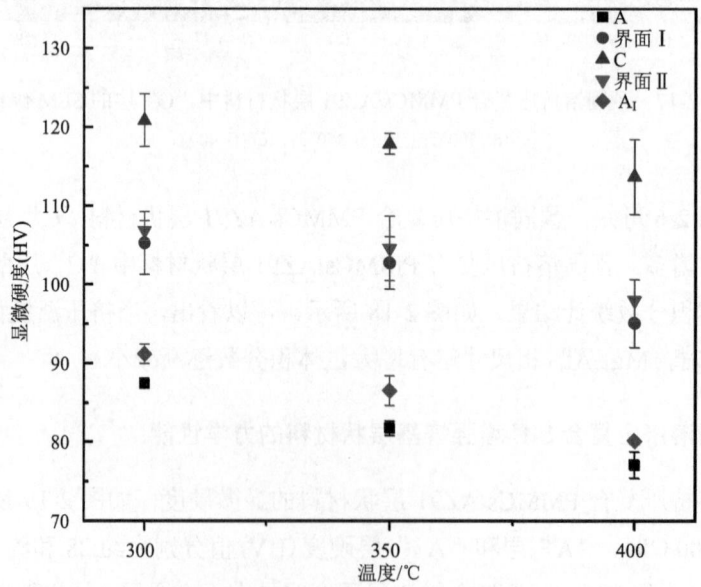

图 2-19 预固溶挤压复合 PMMCs/AZ91 层状材料的显微硬度

当挤压复合温度升高至 400℃，"A"层、"A₁"层和"C"层硬度(HV)值分别为约 77、约 80 和约 111，均低于 300℃挤压复合 PMMCs/AZ91 各层的显微硬度。如上所述，随挤压温度的升高，PMMCs/AZ91 合金层与复合材料层中析出相体积分数均随之减少，晶粒尺寸逐渐增大，致使显微硬度降低。

图 2-20 为预固溶挤压复合 PMMCs/AZ91 层状材料的室温拉伸性能。挤压复合温度为 300℃、350℃和 400℃时，PMMCs/AZ91 层状材料的 YS 分别约为 272 MPa、260 MPa 和 242MPa，UTS 分别约是 353 MPa、337 MPa 和 329MPa。可见，PMMCs/AZ91 层状材料的 YS 和 UTS 均随挤压温度的升高而降低。与 2.5 节直接挤压复合 PMMCs/AZ91 层状材料相比，预固溶挤压复合赋予其更为优异的强韧性，具体将在 2.7 节详细讨论。

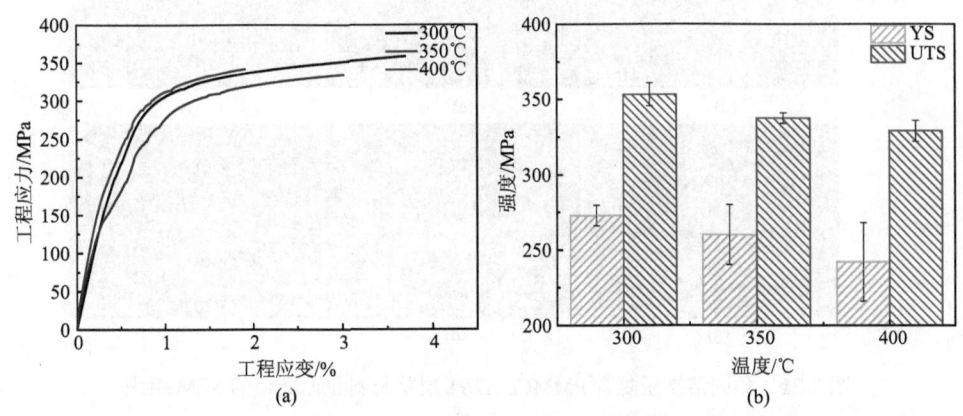

图 2-20　预固溶挤压复合 PMMCs/AZ91 层状材料的室温拉伸性能

预固溶挤压复合 PMMCs/AZ91 层状材料正面断口的 SEM 组织，如图 2-21 所示。在不同挤压复合温度下，PMMCs/AZ91 层状材料中复合材料层内均存在 SiC 颗粒与基体的脱粘，如图 2-21(a)、(b)、(c)所示。PMMCs/AZ91 层状材料界面处的 SEM 组织，如图 2-21(d)、(e)、(f)所示，可见合金层同复合材料层无界面剥离等现象的出现，表明层间界面结合良好。与复合材料层相比，合金层韧窝较小、数量较多，如图 2-21(g)、(h)、(i)所示，对 PMMCs/AZ91 层状材料韧性贡献较大。

图 2-22 为预固溶挤压复合 PMMCs/AZ91 层状材料侧面断口的 SEM 组织，复合材料层断口附近出现 SiC 颗粒棱角处脱粘与断裂，如图 2-22(a)、(b)、(c)中箭

头所示，与图 2-21 相符。结合图 2-21 和图 2-22 可知，在承受拉应力过程中，SiC 颗粒的脱粘致使复合材料层先萌生微裂纹，随后扩展至合金层，最终导致 PMMCs/AZ91 层状材料断裂。

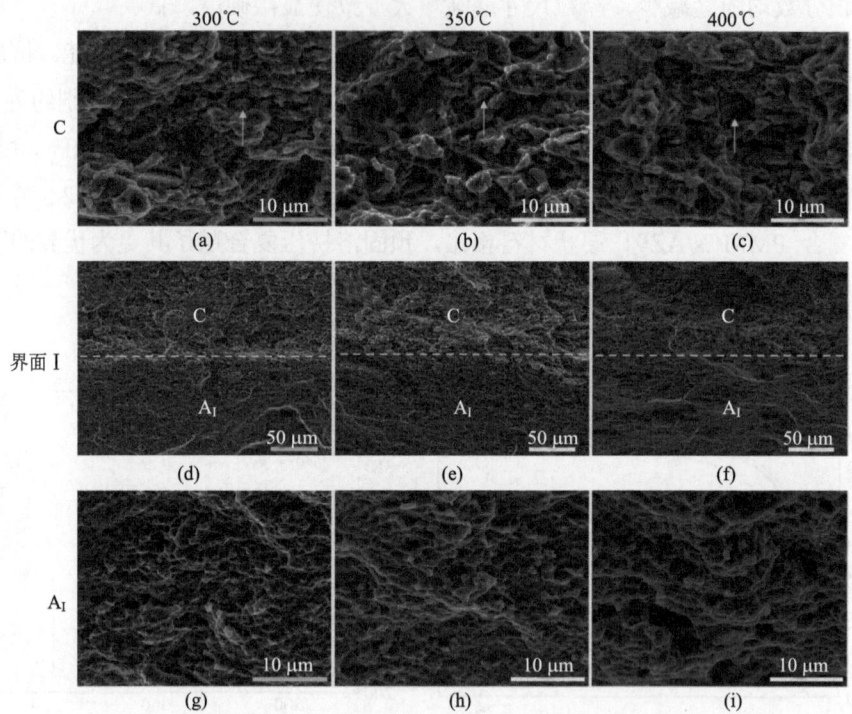

图 2-21 预固溶挤压复合 PMMCs/AZ91 层状材料正面断口的 SEM 组织
(a)(d)(g) 300℃；(b)(e)(h) 350℃；(c)(f)(i) 400℃

2.6.3 预固溶对挤压复合 PMMCs/AZ91 组织与力学性能影响规律的讨论

图 2-23 为预固溶挤压复合（ASC）与直接挤压复合（ACC）PMMCs/AZ91 在 400℃挤压复合后复合材料层与合金层的 SEM 组织。对比图 2-23(a)、(c)和(b)、(d)可知，与直接挤压复合 PMMCs/AZ91 层状材料相比，预固溶挤压复合后合金层中沿挤压方向分布的粗大的 $Mg_{17}Al_{12}$ 相消失，此外，预固溶挤压复合后复合材料层与合金层中细小的析出相数量均明显增多，且分布更加均匀。挤压复合前的预固溶处理，可将热力学不稳定的 $Mg_{17}Al_{12}$ 相固溶至镁基体中，形成过饱和固溶体。在挤压复合过程中，动态析出细小、弥散的 $Mg_{17}Al_{12}$ 相。

第 2 章 碳化硅增强镁基层状材料的挤压复合成形　　· 39 ·

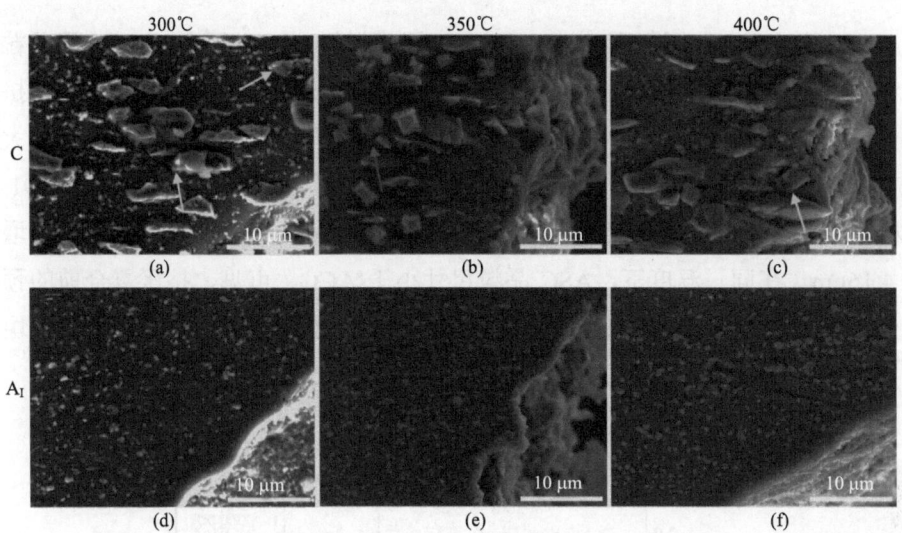

图 2-22　预固溶挤压复合 PMMCs/AZ91 层状材料侧面断口的 SEM 组织
(a) (d) 300℃；(b) (e) 350℃；(c) (f) 400

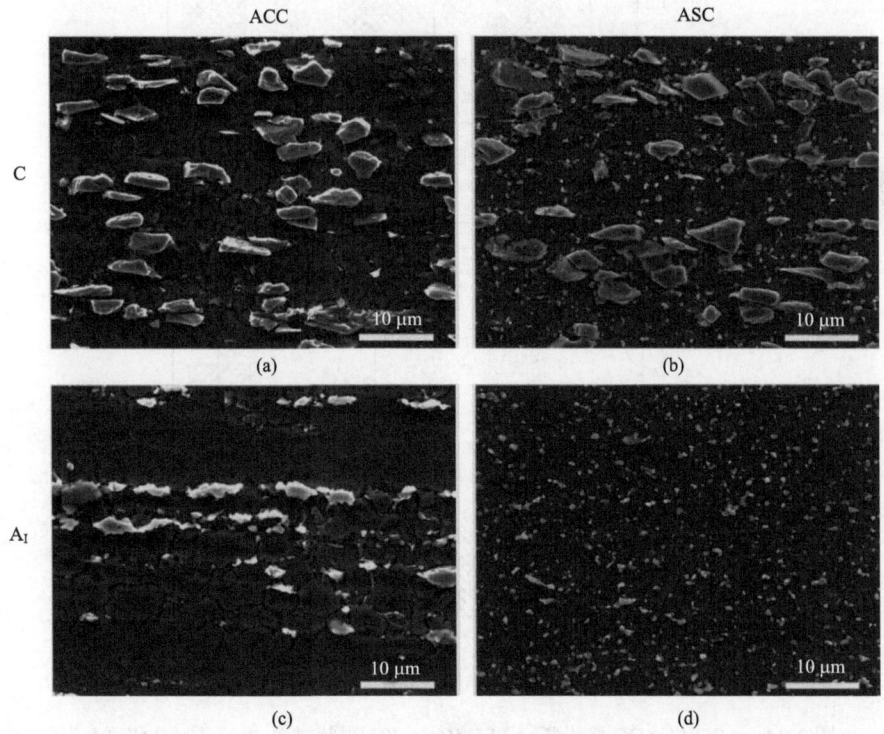

图 2-23　400℃挤压复合 PMMCs/AZ91 层状材料中"C"层与"A₁"层的 SEM 组织
(a)(c)直接挤压复合(ACC)；(b)(d)预固溶挤压复合(ASC)

ASC 与 ACC 挤压复合 PMMCs/AZ91 层状材料"C"层和"A_I"层晶粒尺寸对比，如图 2-24 所示。当挤压复合温度由 300℃提高至 400℃时，预固溶挤压复合 ASC-PMMCs/AZ91 层状材料中复合材料层的平均晶粒尺寸由 0.94μm 增大至 1.58μm，合金层由 1.19μm 增大至 2.8μm；直接挤压复合（ACC）PMMCs/AZ91 层状材料中复合材料层晶粒尺寸由 1.13μm 增大至 2.16μm，合金层由 2.94μm 增大到 4.16μm。在同一温度下，ASC 晶粒尺寸小于 ACC。可见，挤压复合前的预固溶处理有利于 PMMCs/AZ91 层状材料晶粒的细化。经预固溶处理可使大块的

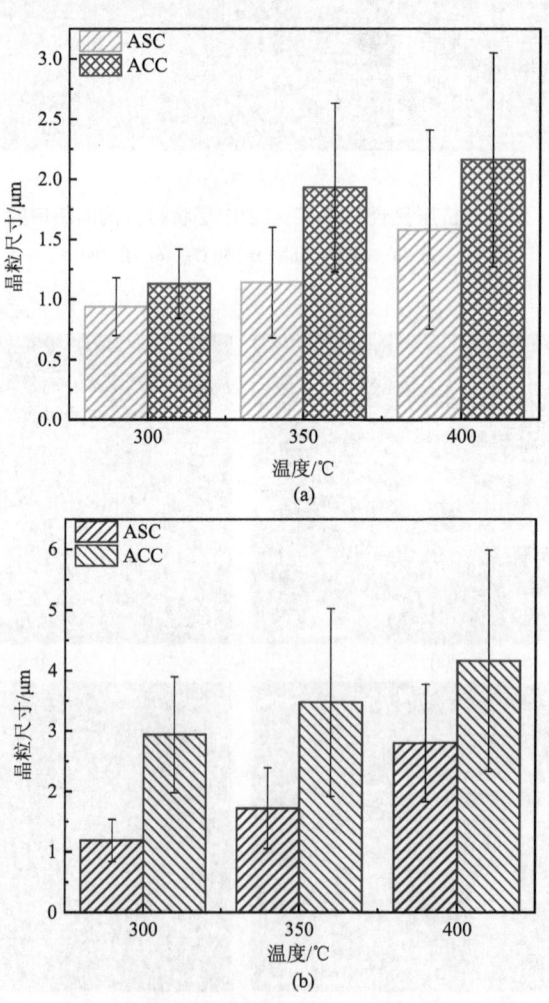

图 2-24 ASC 与 ACC 挤压复合 PMMCs/AZ91 层状材料"C"层(a)和"A_I"层(b)晶粒尺寸对比

$Mg_{17}Al_{12}$ 相回溶至 Mg 基体中，在挤压复合过程中，动态析出细小的 $Mg_{17}Al_{12}$ 相，基于其对晶界的钉扎作用[29, 30]，抑制动态再结晶晶粒的长大。

ASC 与 ACC 在 400℃挤压复合 PMMCs/AZ91 层状材料显微硬度对比，如图 2-25 所示。可见，预固溶挤压复合（ASC）与直接挤压复合（ACC）PMMCs/AZ91 层状材料中均是"A"层硬度最低，"A_I"层次之，"C"层硬度最高，内外层界面的硬度位于合金层与复合材料层之间。对比 ASC 与 ACC 的显微硬度可知，预固溶挤压复合 PMMCs/AZ91 层状材料的显微硬度更高。预固溶挤压复合不仅析出大量细小的 $Mg_{17}Al_{12}$ 相，且各层晶粒得以显著细化，从而有助于显微硬度的提升。

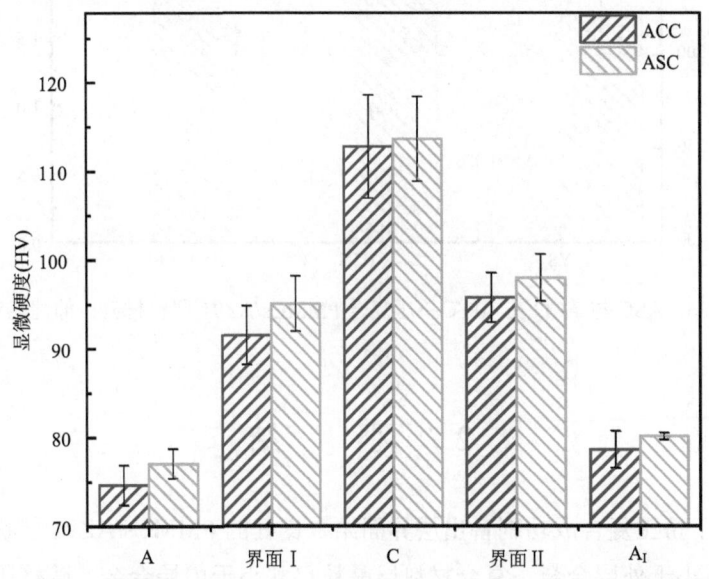

图 2-25　ASC 与 ACC 在 400℃挤压复合 PMMCs/AZ91 层状材料显微硬度对比

图 2-26 为 ASC 与 ACC 在 400℃挤压复合 PMMCs/AZ91 层状材料的室温拉伸性能对比。相比于 ACC，ASC 的 YS、UTS 和 EL 更高，呈现出优异的强韧性匹配。这是因为固溶后，大块的 $Mg_{17}Al_{12}$ 相溶解到镁基体中，在挤压过程中，Al 元素以细小弥散的 $Mg_{17}Al_{12}$ 相析出，弥散强化作用提高。此外，对比 ACC 和 ASC 显微组织可知，预固溶挤压复合 PMMCs/AZ91 层状材料合金层与复合材料层的平均晶粒尺寸更加细小，细晶强韧化的作用更为显著。由 2.5 节可知，室温拉伸过程中，由于 $Mg_{17}Al_{12}$ 相与镁基体的变形不协调，裂纹会优先在大块的 $Mg_{17}Al_{12}$ 相附近萌生[28]，造成直接挤压复合 PMMCs/AZ91 层状材料失效。预固溶后，大

块的 Mg$_{17}$Al$_{12}$ 相溶入基体，有助于伸长率提高。此外，晶粒细化使形变更加均匀，不会造成应力过度局部集中，也对伸长率的改善起到一定作用。

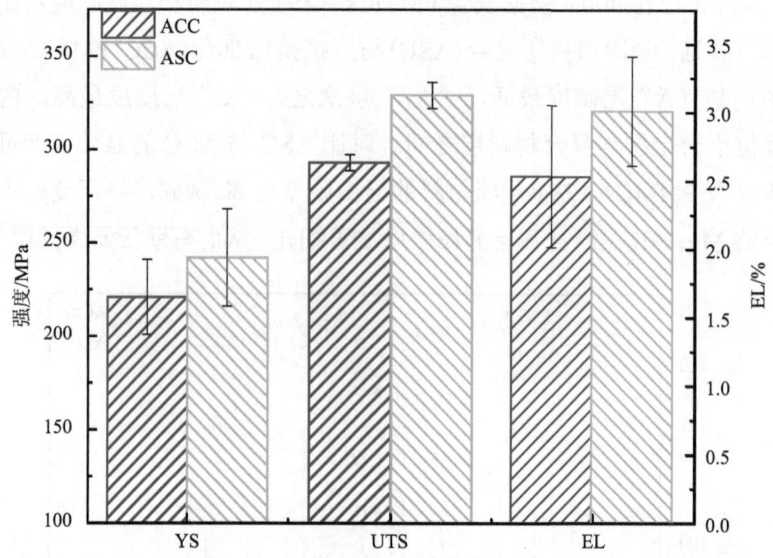

图 2-26 ASC 与 ACC 在 400℃挤压复合 PMMCs/AZ91 层状材料拉伸性能对比

2.7 小　　结

（1）基于挤压复合成功制备出层界面结合良好的 PMMCs/AZ91 层状材料，内层合金晶粒小于外层合金，复合材料层晶粒尺寸小于内层合金。随挤压复合温度的升高，Mg$_{17}$Al$_{12}$ 相的数量减少，各层的晶粒尺寸增大。

（2）PMMCs/AZ91 层状材料中复合材料层的硬度值高于内层合金，界面处的硬度值介于两者之间，内层合金的硬度值高于外层合金。随挤压复合温度的升高，各层硬度逐渐下降。

（3）挤压复合温度的升高，致使 PMMCs/AZ91 层状材料 YS 和 UTS 逐渐降低，而伸长率逐渐提高。

（4）在室温拉伸过程中，SiC 颗粒与基体脱粘，使得复合材料层内部更易产生微裂纹，是造成 PMMCs/AZ91 层状材料断裂的主要原因。

（5）同直接挤压复合 PMMCs/AZ91 层状材料相比，预固溶不仅有利于其内部动态析出大量细小的 $Mg_{17}Al_{12}$ 相，而且促使各层晶粒细化，随挤压复合温度升高，晶粒尺寸增大，析出相数量逐渐减少。

（6）同直接挤压复合 PMMCs/AZ91 层状材料相比，预固溶赋予其更优异的 YS、UTS 和 EL，当挤压复合温度为 300℃时，综合力学性能最好。

参 考 文 献

[1] 潘复生，蒋斌. 镁合金塑性加工技术发展及应用 [J]. 金属学报, 2021, 57: 1362-1379.

[2] 王慧远，夏楠，布如宇，等. 低合金化高性能变形镁合金研究现状及展望 [J]. 金属学报, 2021, 57: 1429-1437.

[3] 曾小勤，陈义文，王静雅，等. 高性能稀土镁合金研究新进展 [J]. 中国有色金属学报, 2021, 31: 2963-2975.

[4] Deng K K, Wang C J, Nie K B, et al. Recent research on the deformation behavior of particle reinforced magnesium matrix composite: a review [J]. Acta Metall Sin (Engl Lett), 2019, 32: 413-425.

[5] 马立敏，张嘉振，岳广全，等.复合材料在新一代大型民用飞机中的应用 [J]. 复合材料学报，2015，32(2)：317-322.

[6] Shi Q X, Wang C J, Deng K K, et al. Microstructure and mechanical behavior of Mg-5Zn matrix influenced by particle deformation zone [J]. J Mater Res Technol, 2021, 60: 8-20.

[7] 赵常利，张小农. 颗粒增强镁基复合材料的研究进展 [J]. 机械工程材料, 2006, 30(7): 1-3, 47.

[8] 阮爱杰，马立群，潘安霞，等. 镁基复合材料制备工艺研究进展 [J]. 有色金属, 2011, 63(2): 142-146.

[9] Nie K B, Wang X J, Hu X S, et al. Effect of multidirectional forging on microstructures and tensile properties of a particulate reinforced magnesium matrix composite [J]. Mater Sci Eng A, 2011, 528: 7133-7139.

[10] Wu K, Deng K K, Nie K B, et al. Microstructure and mechanical properties of SiC_p/AZ91 composite deformed through a combination of forging and extrusion process [J]. Mater Des, 2010, 31: 3929-3932.

[11] Liu W Q, Hu X S, Wang X J, et al. Evolution of microstructure, texture and mechanical properties of SiC/AZ31 nanocomposite during hot rolling process [J]. Mater Des, 2016, 93: 194-202.

[12] Deng K K, Wu K, Wang X J, et al. Microstructure evolution and mechanical properties of a particulate reinforced magnesium matrix composites forged at elevated temperatures [J]. Mater Sci Eng A, 2010, 527: 1630-1635.

[13] Li W J, Deng K K, Zhang X, et al. Microstructures, tensile properties and work hardening behavior of SiC_p/Mg-Zn-Ca composites [J]. J Alloy Compd, 2017, 695: 2215-2223.

[14] 张潇. 基于低含量 SiC_p 调控 Mg-5Al-2Ca 合金的显微组织和力学性能研究 [D]. 太原: 太原

理工大学, 2017.

[15] Wang X J, Liu W Q, Hu X S, et al. Microstructural modification and strength enhancement by SiC nanoparticles in AZ31 magnesium alloy during hot rolling [J]. Mater Sci Eng A, 2018, 715: 49-61.

[16] Wu Y W, Wu K, Deng K K, et al. Damping capacities and tensile properties of magnesium matrix composites reinforced by graphite particles [J]. Mater Sci Eng A, 2010, 527: 6816-6821.

[17] Macwan A, Jiang X Q, Li C, et al. Effect of annealing on interface microstructures and tensile properties of rolled Al/Mg/Al tri-layer clad sheets [J]. Mater Sci Eng A, 2013, 587: 344-351.

[18] Ma X, Huang C, Moering J, et al. Mechanical properties of copper/bronze laminates: role of interfaces [J]. Acta Mater, 2016, 116: 43-52.

[19] Nie H, Liang W, Chen H, et al. A coupled EBSD/TEM study on the interfacial structure of Al/Mg/Al laminates [J]. J Alloy Compd, 2019, 781: 696-701.

[20] Xin Y, Hong R, Feng B, et al. Fabrication of Mg/Al multilayer plates using an accumulative extrusion bonding process [J]. Mater Sci Eng A, 2015, 640: 210-216.

[21] Wu Y, Feng B, Xin Y, et al. Microstructure and mechanical behavior of a Mg AZ31/Al7050 laminate composite fabricated by extrusion [J]. Mater Sci Eng A, 2015，640: 454-459.

[22] Chen L, Tang J W, Zhao G Q, et al. Fabrication of Al/Mg/Al laminate by a porthole die *co*-extrusion process [J]. J Mater Process Tech, 2018, 258: 165-173.

[23] Mahmoodkhani Y, Wells M A. Co-extrusion process to produce Al－Mg eutectic clad magnesium products at elevated temperatures[J].J Mater Process Tech, 2016, 232: 175-183.

[24] Lee J U, Kim S H, Kim Y J, et al. Effects of homogenization time on aging behavior and mechanical properties of AZ91 alloy [J]. Mater Sci Eng A, 2018, 714: 49-58.

[25] Sun X F, Wang C J, Deng K K, et al. High strength SiC_p/AZ91 composite assisted by dynamic precipitated $Mg_{17}Al_{12}$ phase [J]. J Alloy Compd, 2018, 732: 328-335.

[26] Fan Y D, Deng K K, Wang C J, et al. Work hardening and softening behavior of Mg-Zn-Ca alloy influenced by deformable Ti particles [J]. Mater Sci Eng A, 2022, 833: 142336.

[27] Hassan S F, Ho K F, Gupta M. Increasing elastic modulus, strength and CTE of AZ91 by reinforcing pure magnesium with elemental copper [J]. Mater Lett, 2004, 58(16): 2143-2146.

[28] Kang J W, Sun X F, Deng K K, et al. High strength Mg-9Al serial alloy processed by slow extrusion [J]. Mater Sci Eng A, 2017, 697:211-216.

[29] Robson J D, Henry D T, Davis B. Particle effects on recrystallization in magnesium-manganese alloys: particle pinning [J]. Mater Sci Eng A, 2011, 528(12): 4239-4247.

[30] Jiang M G, Xu C, Nakata T, et al. High-speed extrusion of dilute Mg-Zn-Ca-Mn alloys and its effect on microstructure, texture and mechanical properties [J]. Mater Sci Eng A, 2016, 678: 329-338.

第 3 章 碳化硅颗粒增强镁基层状材料的轧制成形

3.1 引 言

颗粒增强镁基复合材料(PMMCs)，根据增强体的含量不同(5vol%~20 vol%)，弹性模量壳在 50~75GPa 间进行调控[1]。当增强体含量较高时，PMMCs 表现出较高的强度和弹性模量，但因其塑性差，难以轧制成形[2]。针对此问题，第 2 章通过挤压复合的方式，将软质 AZ91 合金引入至体积 10vol% SiC$_p$/AZ91 镁基复合材料中，开发出 PMMCs/AZ91 层状材料，对其显微组织、力学性能进行了相关研究。

本章将在前期研究的基础上，尝试对挤压复合制备的颗粒增强镁基层状材料进行轧制成形，探讨轧后热处理对其的显微组织(晶粒尺寸、织构等)和力学性能的影响规律。

3.2 SiC 增强镁基层状材料的轧制工艺

根据第 2 章的研究结果，本章采用半固态搅拌法，以 AZ91 为基体，10μm SiC 颗粒为增强体，制备出 SiC$_p$ 体积分数为 15%的镁基复合材料(PMMCs)。基于挤压复合的方法将 Mg-Zn-Y(ZW31)合金引入 PMMCs 中，随后在 350℃进行多道次热轧，获得厚度约为 1mm 的 PMMCs/Mg 层状材料，其制备流程，包括坯料制备、挤压、轧制和退火四个过程，具体制备流程，如图 3-1 所示。

(1) 经过固溶化处理后，用电火花丝切割将 ZW31 合金和 PMMCs 切成薄片和圆柱形套筒。

(2) 将含有 ZW31 和 PMMCs 的圆柱形块料在 370℃下，挤压比为 21:1，挤压速度为 0.1 mm/s 下共挤。得到宽为 20mm、厚度为 3.15mm 的 PMMCs/Mg 层状材料。

(3) 对挤压复合 PMMCs/Mg 层状材料进行轧制成形：轧辊直径为 130mm，轧制速度为 20r/min。轧制前，ZW31 和 PMMCs 的复合板在 350℃的退火炉中预热 20min。第一次轧制厚度降低 10%，随后，每道轧制厚度降低 15%。轧制道次间在350℃保温10min，热轧至1.0mm，如图3-2所示。

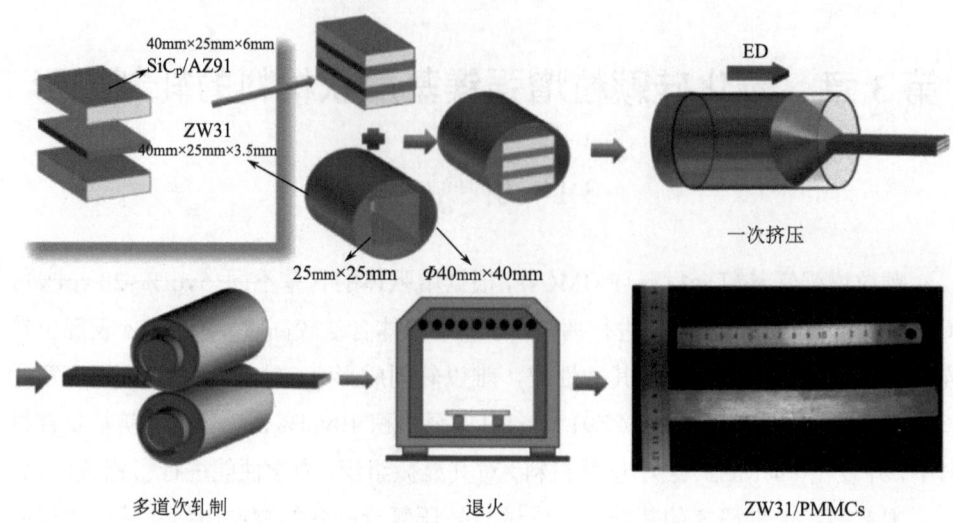

图3-1 PMMCs/Mg层状材料的制备工艺流程图

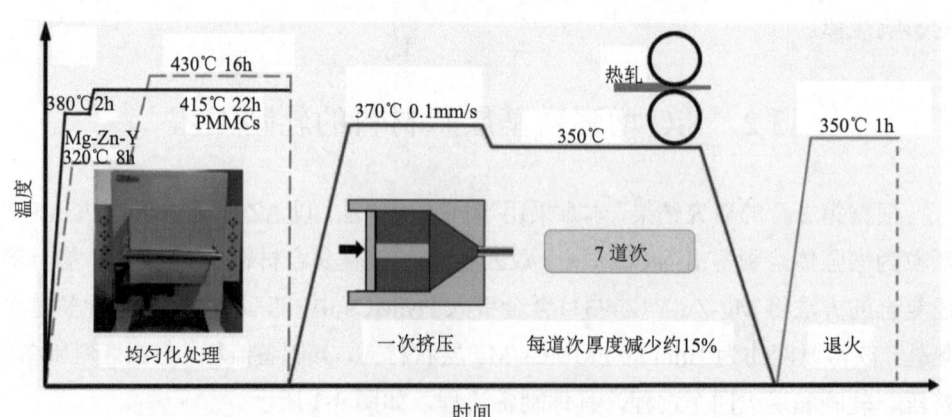

图3-2 PMMCs/Mg层状材料的热处理工艺流程图

图3-3为不同轧制温度下制备PMMCs/Mg板的宏观形貌，可以看出，其经轧制后整体较为平整，表面质量良好，但不同温度下轧板表面质量存在明显差异。300℃轧制温度下，出现数量较多的边裂现象，如图3-3(a)所示。当轧制温度提高至350℃时，边裂情况明显改善。轧制温度继续提高至400℃时，PMMCs/Mg的表面形貌与350℃轧制效果相同。为此，本研究采用350℃作为终轧温度。将PMMCs与PMMCs/Mg(ZW31/PMMCs)板在350℃轧制后的宏观形貌，如图3-3(b)

所示,可见 PMMCs 在轧制压下量为 10%时已明显开裂,而 PMMCs/Mg 板轧制至 1mm 厚时表面质量依然良好。

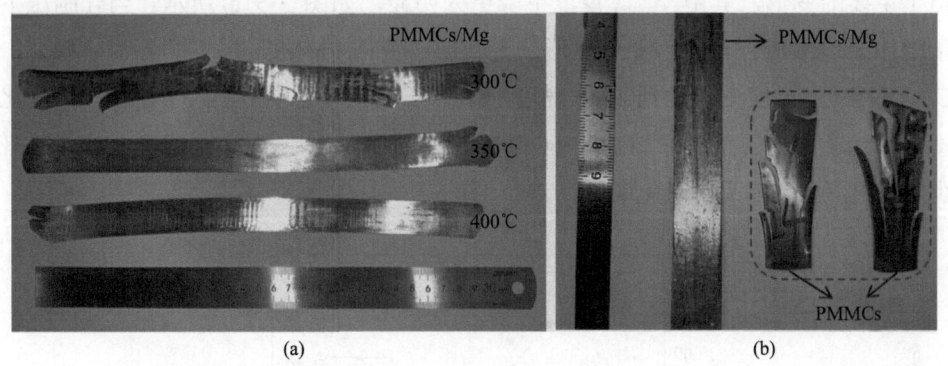

图 3-3　不同轧制温度下制备 PMMCs/Mg(PMMCs/ZW31)的宏观形貌:(a) PMMCs/Mg 板在不同轧制温度下的宏观形貌;(b) PMMCs/Mg 板与 PMMCs 板轧制结果对比

图 3-4 为 PMMCs/Mg 在不同轧制压下量的宏观形貌以及 OM 组织。图中颜色较深的为 PMMCs,将最内层的 PMMCs 命名为 C_{inner},外边两侧的 PMMCs 层命名为 C_{outer}。同样地,内外 Mg(ZW31)层分别命名为 A_{inner} 和 A_{outer}。可见,轧制之后,PMMCs 与 Mg 界面结合良好,层内无被轧断的迹象。

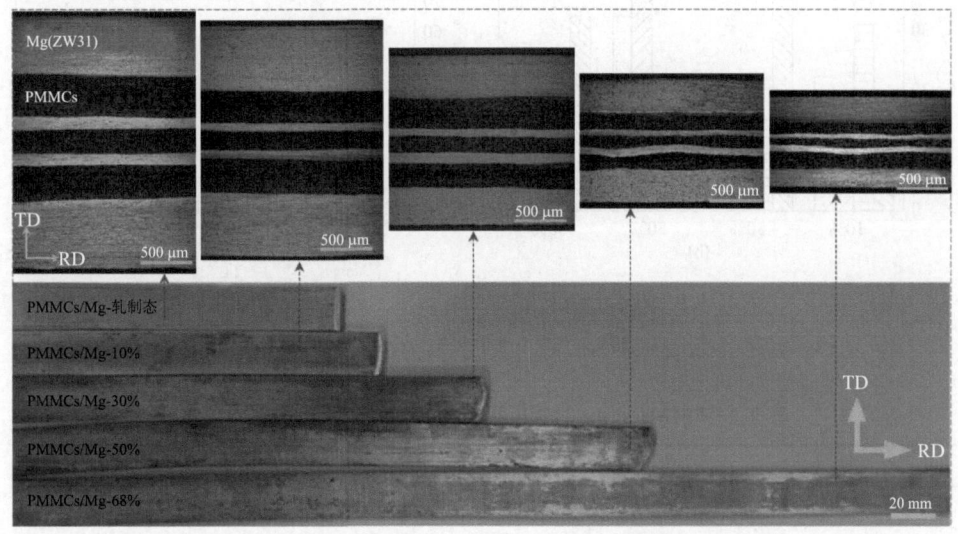

图 3-4　不同轧制压下量制备 PMMCs/Mg 板的宏观形貌

图 3-5 为 PMMCs/Mg 板在不同轧制压下量时的层厚度变化，表 3-1 为其挤压和多道次轧制过程中板厚参数变化。当轧制压下量低于 30%时，A_{outer} 和 C_{inner} 承担了主要的变形，其中 A_{outer} 厚度下降更为明显，如图 3-5(a)所示。当轧制压下量增加至 50%时，由于 Mg 层变形抗力增加，使得 PMMCs 层变形量明显增大，C_{outer} 和 C_{inner} 厚度变化达到 44.9%和 32.8%。在轧制过程中，最内层 PMMCs 变化不大，当轧制变形量继续增加至 68%时，Mg 和 PMMCs 层协同变形，每层的减少率差别不大，如图 3-5(b)所示。

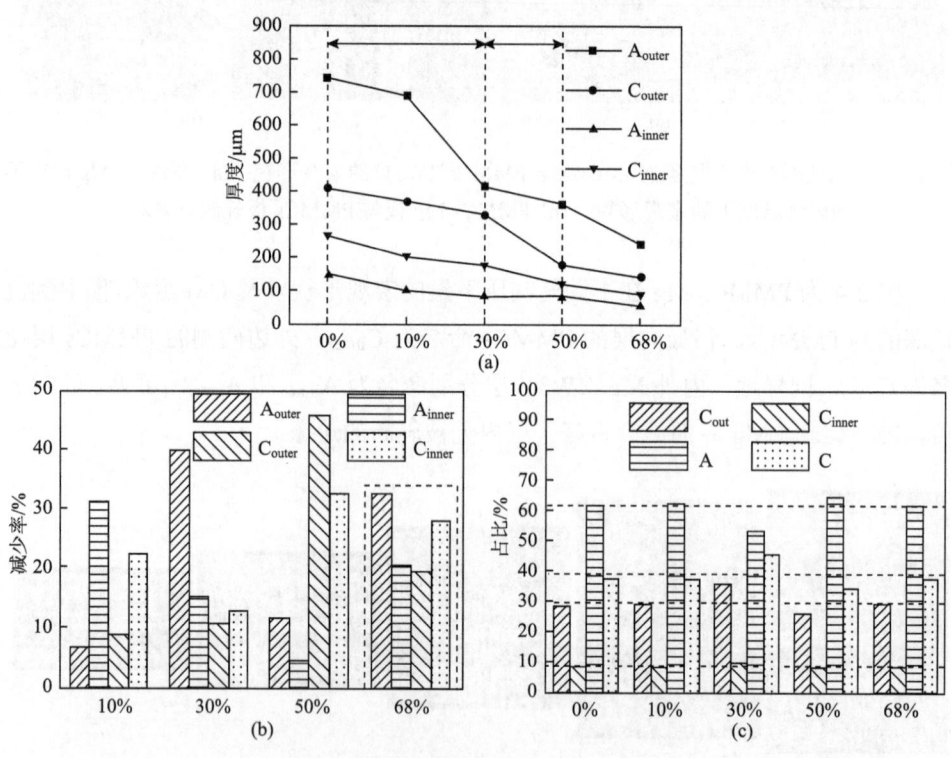

图 3-5 PMMCs/Mg 板不同轧制压下量层厚度变化
(a) 厚度；(b) 厚度减少率；(c) 层厚占比

表 3-1 PMMCs/Mg 的挤压和多道次轧制过程中的参数变化

道次	温度/K	厚度变化/mm	减少率/%
一次挤压	643	$\varphi40 \to 3.15 \times 20$	
—		623℃重新加热 20 min	—
1	623	$3.15 \to 3$	5

续表

道次	温度/K	厚度变化/mm	减少率/%
2	623	3→2.59	14
3	623	2.59→2.18	15
4	623	2.18→1.84	15
5	623	1.84→1.56	13
6	623	1.56→1.33	15
7	623	1.33→1.13	15
8	623	1.13→1	13

图 3-5(c)为不同层占总厚度百分数的变化，当轧制压下量为 30%时，不同层所占总层厚比例变化明显，Mg 层占比降至最低。可见，在 30%压下量时，内外 Mg 层的变形量最大。当压下量达到 68%时，内外层的 PMMCs 和 Mg 占比变化并不明显，说明轧制过程中的不均匀变形并没有改变 PMMCs/Mg 板内 PMMCs 层的含量。

3.3 轧制成形 SiC 增强镁基层状材料的显微组织

PMMCs/Mg 在 ND-RD 方向上的显微组织如图 3-6 所示。由图 3-6(a)可知，PMMCs/Mg 板分层明显，界面清晰，板的最外层为 Mg 层，近邻层为 PMMCs 层，其厚度约为 160μm，中间层为 PMMCs，厚度约为 75μm，中间两侧为 Mg 层。图 3-6(b)为界面处 SEM 组织，可见，Mg 和 PMMCs 界面不平整，并且 Mg 和 PMMCs 层内均含有大量的第二相。PMMCs 的基体为 AZ91，所以基体中均匀分布的第二相为 $Mg_{17}Al_{12}$ 相。图 3-6(c)为图 3-6(b)对应区域的 EDS 面扫图，可见在 Mg 中存在 Zn 原子密集区，由于其周围分布着 Y 原子，这些相为 Mg-Zn-Y 相。在 PMMCs 中存在较多的 $Mg_{17}Al_{12}$ 相，Mg 层存在少量析出相。轧制后，Mg 层中出现孪晶，如图 3-6(d)所示，表明内层 Mg 变形程度较大，并且内外层 Mg 的存在，可有效地协调 PMMCs 的变形。PMMCs/Mg 的 TD-RD 面上的宏观织构，如图 3-6(d)所示，(0002)、(1010)、(10$\bar{1}$1)极图表明 PMMCs/Mg 板具有典型的轧制织构，基面平行于 TD-RD 平面。

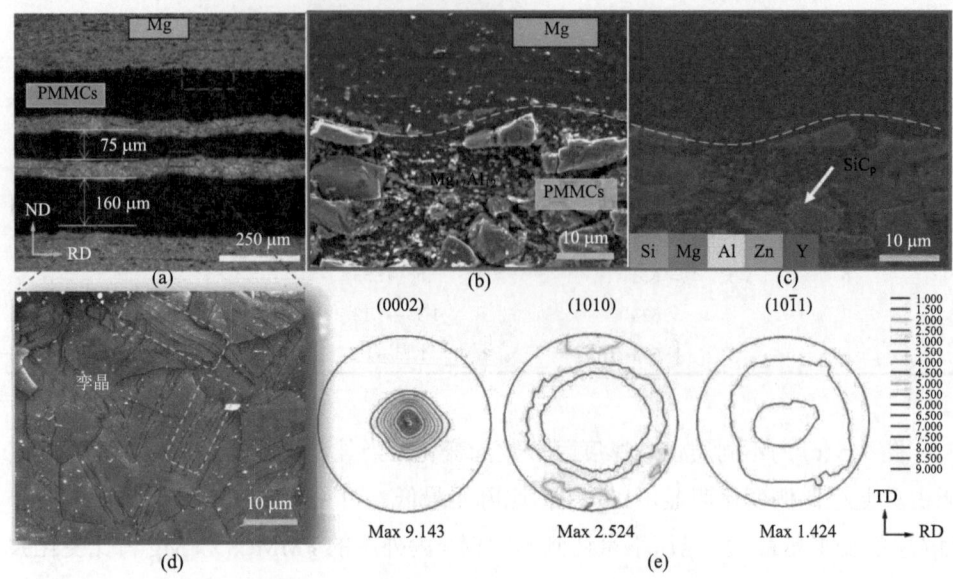

图 3-6 轧制 PMMCs/Mg 的显微组织及中子衍射测试的极图
(a) OM 组织；(b) SEM 组织；(c) EDS 面扫结果；(d) 孪晶形貌；(e) 宏观织构

PMMCs/Mg 退火前后的 OM 组织如图 3-7 所示。由图 3-7(a) 可见，PMMCs/Mg 经轧制后，Mg 层内产生孪晶。30min 退火后，Mg 层内孪晶消失，发生了再结晶，晶粒平均晶粒尺寸约为 $(10.5\pm4.4)\mu m$，如图 3-7(b) 所示。当退火时间延长至 120min 时，平均晶粒尺寸增大至 $(13.0\pm5.3)\mu m$，如图 3-7(d) 所示。

图 3-8 为 PMMCs/Mg 退火后 Mg 层的晶粒尺寸分布，随着退火时间的延长，大尺寸晶粒（>13μm）所占比例增加。与 Mg 层不同，PMMCs 经 30min 退火后，晶粒尺寸略有减小。轧制变形过后，因颗粒与基体变形不匹配，微米 SiC_p 周围存在含有高密度位错的变形区域（PDZ），对静态再结晶形核具有促进作用，有利于形核率的提高。此外，因 SiC_p 对晶界运动的阻碍作用，PMMCs 层内平均晶粒尺寸降低。基于 Mg 层对变形的协调作用，在 Mg 和 PMMCs 层界面处易产生应力集中而使存储能增加，再结晶驱动力增大，故在 PMMCs/Mg 界面处也发生了再结晶晶粒的形核和长大，如图 3-7(b) 的虚线圈所示。

PMMCs/Mg 退火前后的 XRD 衍射图谱如图 3-9 所示。可见，PMMCs/Mg 退火后主要由 α-Mg 和 SiC_p 组成，表明大部分第二相在退火过程中已溶入基体。图 3-10 为 PMMCs/Mg 板退火前后 SEM 组织。由图 3-10 可知，PMMCs/Mg 板在退火前，PMMCs 层内 SiC_p 周围分布着数量较多的 $Mg_{17}Al_{12}$ 相，在 Mg 层内存在少量颗粒状第二相,通过放大图清晰可见,Mg 层中还弥散分布着细小的第二相。图 3-10(b)、(c)、(d)分别为 PMMCs/Mg 退火 30min、60min、120min 时不同层的 SEM 组织。可见,随退火时间的延长,弥散在 PMMCs 中 SiC$_p$ 周围的 Mg$_{17}$Al$_{12}$ 相数量明显减少。在 Mg 层中,随退火时间的延长,颗粒状大尺寸相的数量变化不明显,弥散分布的小尺寸相明显减少。

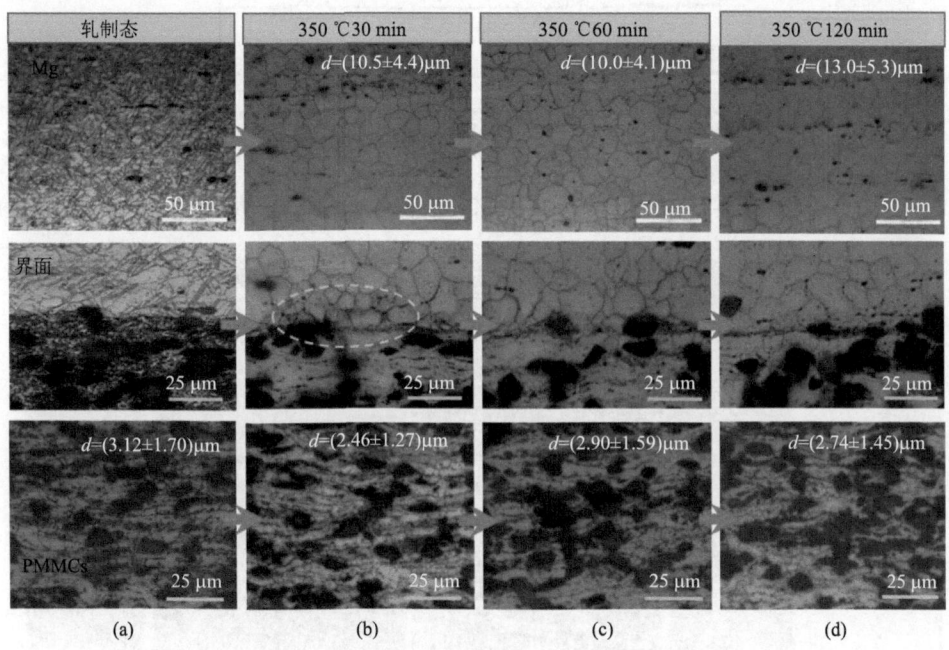

图 3-7　PMMCs/Mg 在 350℃退火后的 ZW31,界面和 PMMCs 的 OM 组织
(a) 轧制态;(b) 30 min;(c) 60 min;(d) 120 min

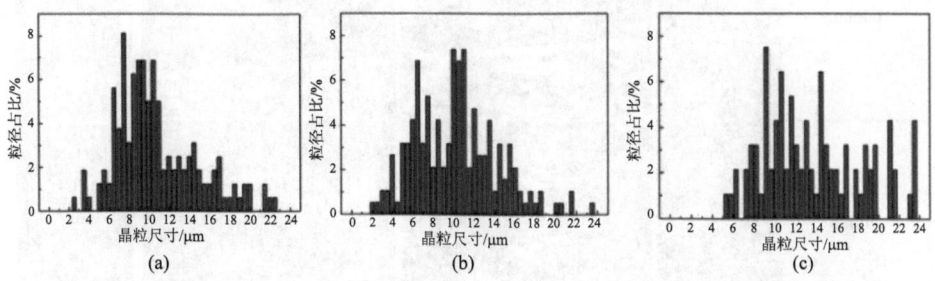

图 3-8　在 350 ℃不同时间退火后 PMMCs/Mg 板内 Mg 层和 PMMCs 层的晶粒尺寸分布
(a) 30min;(b) 60min;(c) 120min

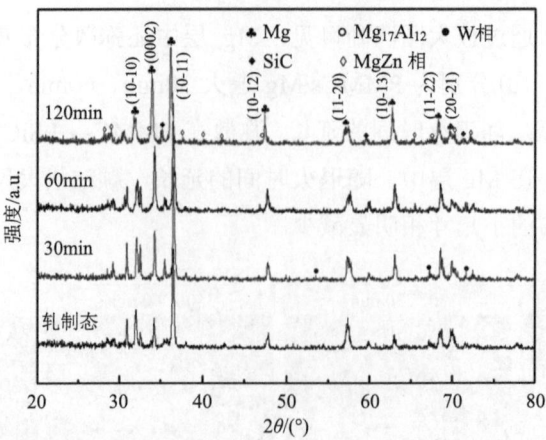

图 3-9 PMMCs/Mg 在 350℃退火前后的 X 射线衍射图

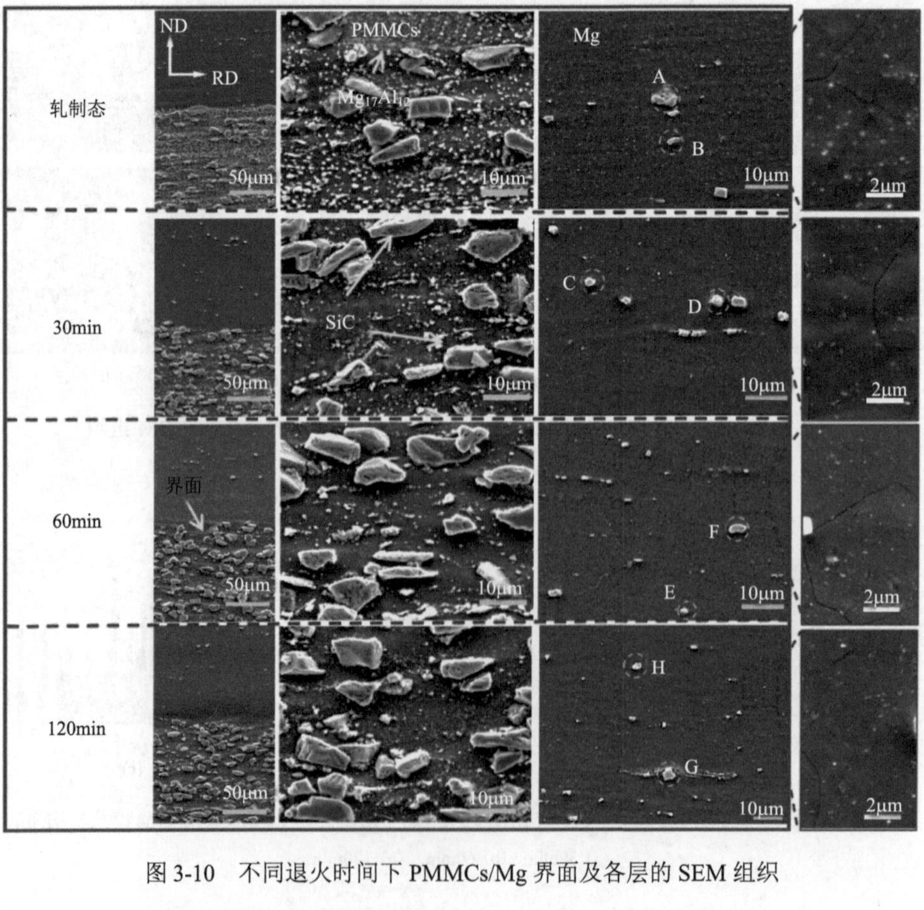

图 3-10 不同退火时间下 PMMCs/Mg 界面及各层的 SEM 组织

PMMCs/Mg 的宏观织构如图 3-11 所示。由图 3-11(a)可知，PMMCs/Mg 轧制后，表现为典型的轧制织构。基面织构强度较高，但在退火过程中，织构强度变化并非线性，而是表现出先减小后增大的趋势。PMMCs/Mg 轧制后厚度减少为约 68%，不同层变形程度不同。Mg 层为了协调 PMMCs 的变形，内外层均出现了孪晶，退火 30min 后，基面织构强度明显降低。因孪晶诱导再结晶的发生，变形孪晶组织消失，晶粒在孪晶界形核并长大。

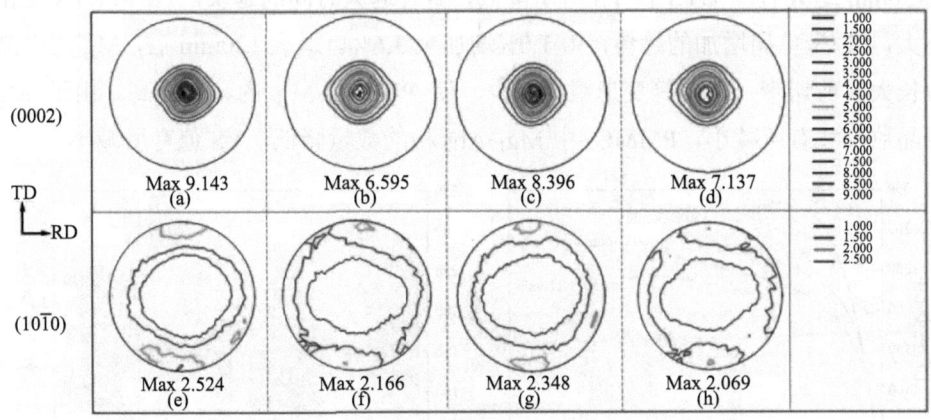

图 3-11　PMMCs/Mg 板退火前后的宏观织构
(a)(e)轧制态；(b)(f)30min；(c)(g)60min；(d)(h)120min

经 30min 退火后，PMMCs 层内平均晶粒尺寸降低。因硬质 SiC$_p$ 与软质 Mg 基体变形不匹配，在变形过程中，易在 SiC$_p$ 周围产生大量位错，诱发再结晶，生成随机取向的细小晶粒，降低基面织构强度。在 PMMCs 与 Mg 的界面处，由于储能的释放，促进再结晶的产生，致使织构弱化。

有研究表明，基面织构强度随着退火时间的增加而增大，在基面取向晶粒长大的过程中，基于第二相钉扎而限制其他取向晶粒生长时，基面织构强度会随之增大。当退火时间延长至 60min，尽管 Mg 层平均晶粒尺寸变化不大，但大尺寸晶粒所占比例增多，表明晶粒发生均匀生长，基面织构强度有所增加。基面织构强度和晶粒尺寸密切相关，PMMCs 经 30min 退火后，因再结晶而产生了随机取向的晶粒，然而，与轧制态基面织构相同或者近似的晶粒仍占大多数，在 30min 至 60min 的退火过程中，基面取向晶粒尺寸增大，致使基面织构强度有所上升。

退火至 120min 的过程中，基面织构强度略有降低，这与 PMMCs 的显微组织变化密切相关。由于 PMMCs 中的 Mg$_{17}$Al$_{12}$ 相进一步减少，减弱了对晶粒生长的阻碍作用,在再结晶初期形成的具有非基面取向的晶粒快速长大,导致织构强度弱化。

3.4 轧制成形 SiC 增强镁基层状材料的力学性能

PMMCs/Mg 退火前后的工程应力和应变曲线如图 3-12(a)所示,其对应的屈服强度(YS)、抗拉强度(UTS)、伸长率(EL)如图 3-12(b)所示。可见,PMMCs/Mg 经 30min 退火后,UTS 和 YS 有所降低,随着退火时间的延长,YS 和 UTS 变化不大,EL 呈单调增加的趋势,由 1.0%增加至 3.6%。退火 120min 后,Mg 层中晶粒长大,剪切带、孪晶等变形组织减少,使 PMMCs/Mg 的塑性提高。由于 Mg 层晶粒尺寸有所减小,PMMCs 中 $Mg_{17}Al_{12}$ 相的数量降低,YS 值有所减小。

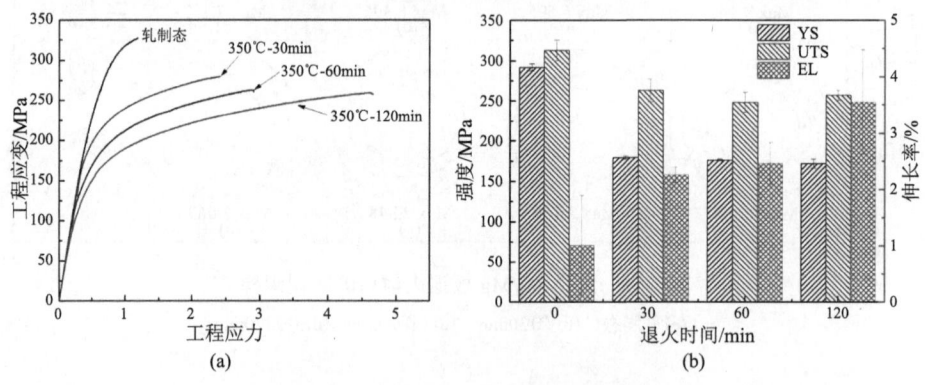

图 3-12 PMMCs/Mg 室温拉伸性能
(a) 工程应力-应变曲线;(b) 强度和伸长率

图 3-13 为 PMMCs/Mg 在 350℃退火 1h 后 ND-RD 方向的断口形貌。由图 3-13(a)可知,断口附近 PMMCs 与 Mg 层间界面结合良好,界面处没有明显的裂纹,在 Mg 层的外层观察到轻微的塑性变形。图 3-14 为 PMMCs/Mg 在 350℃退火 1h 后的正面断口形貌,可见 PMMCs/Mg 层界面结合良好,如图 3-14(a)所示,未发现宏观裂纹及明显分离,说明材料在拉伸过程中层界面并没有发生开裂。

为分析 PMMCs/Mg 的界面结合情况,对其退火前后的室温阻尼应变谱进行研究,其结果如图 3-15 所示。通常来说,当层状材料界面存在缺陷时,界面的滑动有助于其阻尼性能的提高。而本研究中,PMMCs/Mg 的室温阻尼应变谱与 Mg 合金相比,相差不大,表明 PMMCs 层和 Mg 层界面滑动不明显,进一步证实 PMMCs/Mg 的界面结合较好。

第 3 章 碳化硅颗粒增强镁基层状材料的轧制成形

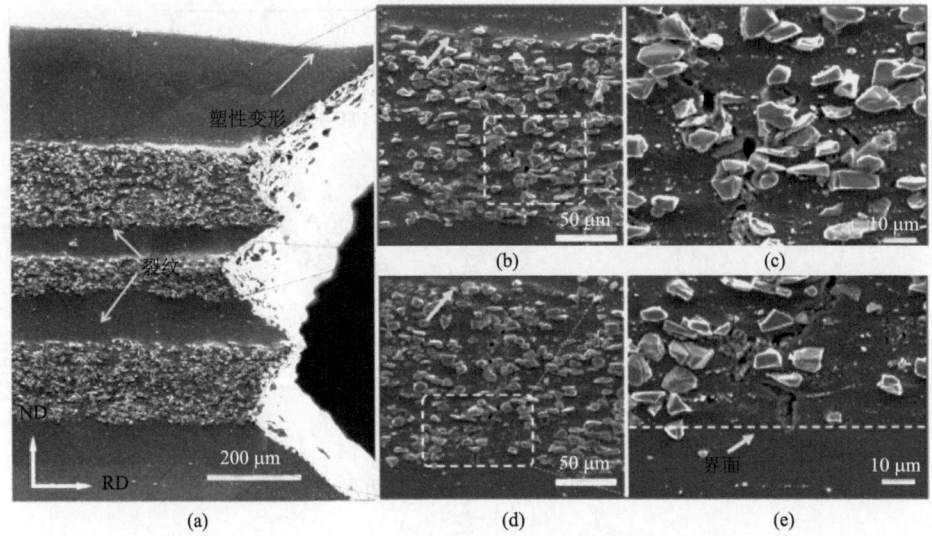

图 3-13 PMMCs/Mg 在 350℃退火 60min 后 ND-RD 方向的断口形貌
(a) 侧面断口 SEM 组织；(b)(d) 为(a)的放大 SEM 组织；(c)和(e)分别为(b)和(d)的放大 SEM 组织

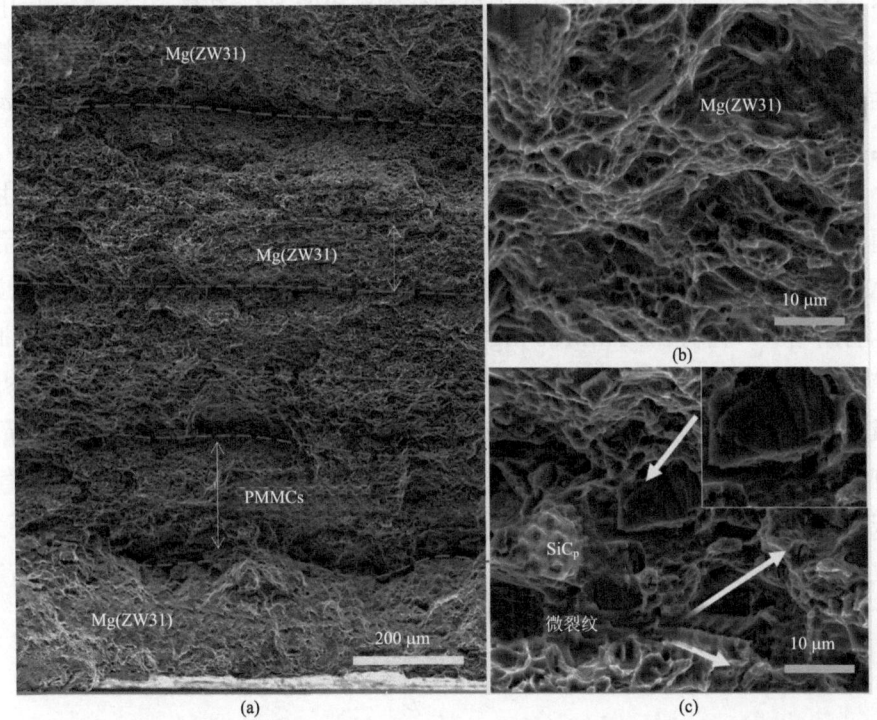

图 3-14 PMMCs/Mg 经 350℃退火 60min 后沿 ND-TD 方向的断口形貌
(a) PMMCs/Mg 断口的 SEM 形貌；(b) Mg 层放大形貌；(c) PMMCs 层的放大形貌

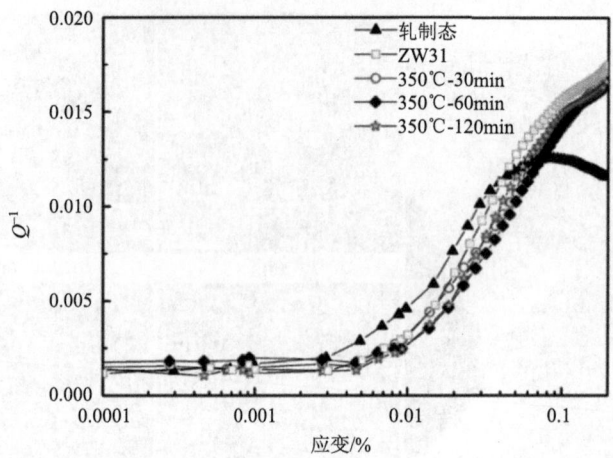

图 3-15 PMMCs/Mg 的室温阻尼应变谱

如图 3-13(b)、(d)所示，PMMCs 层中存在较多的裂纹，其长度已经贯穿整个 PMMCs 层。由图 3-13(e)可知，微裂纹终止在 PMMCs 与 Mg 层的界面处。由图 3-14(b)、(c)可知，PMMCs 层中可观察到破碎的 SiC$_p$ 和微裂纹，Mg 层中存在大量的韧窝。说明 PMMCs 中 SiC$_p$ 的脱粘和微裂纹的产生是 PMMCs/Mg 断裂的主要原因。从图 3-13(e)中明显可见，裂纹绕过 SiC$_p$ 且在层界面处终止，表明 SiC$_p$ 与层界面均对裂纹扩展具有一定的阻碍作用。

上述研究表明，PMMCs/Mg 经过 30min 退火，Mg 层内孪晶消失，完全由大的再结晶晶粒取代，因 SiC$_p$ 对再结晶形核的促进作用及晶界迁移的阻碍作用，PMMCs 层晶粒尺寸有所降低，随着退火时间的延长，Mg 层和 PMMCs 层晶粒尺寸均有所增大。轧制后，PMMCs/Mg 中 Mg 层内存在未溶的第二相与析出的细小的第二相，PMMCs 层内存在大量析出的 Mg$_{17}$Al$_{12}$ 相，经退火后，Mg 层细小析出相及 PMMCs 层内 Mg$_{17}$Al$_{12}$ 相数量均随之减少。退火并不能改变 PMMCs/Mg 的轧制织构类型，但可使其织构强度降低。PMMCs/Mg 经退火后，UTS 和 YS 有所降低，但伸长率升高；随着退火时间的延长，EL 升高，但 YS 和 UTS 变化不大。裂纹主要从 PMMCs 层内萌生，沿着 SiC$_p$ 与基体界面扩展，在层界面处受阻，延迟了材料的断裂。

3.5 小　　结

本章通过对 PMMCs/Mg 层状材料进行轧制成形，研究了轧后热处理对其的显微组织和力学性能的影响规律。

(1) 在挤压复合的基础上，基于轧制成形，制备出界面结合良好的 PMMCs/Mg 层状材料。

(2) PMMCs/Mg 层状材料经过 30min 退火，Mg 层内孪晶消失，完全由大的再结晶晶粒取代；因 SiC$_p$ 对再结晶形核的促进作用及晶界迁移的阻碍作用，PMMCs 层晶粒尺寸有所降低。随着退火时间的延长，合金层和 PMMCs 层晶粒尺寸均有所增大。

(3) 轧制 PMMCs/Mg 层状材料 Mg 层内存在未溶的第二相与析出的细小的第二相。PMMCs 层内存在大量析出的 Mg$_{17}$Al$_{12}$ 相，经退火后，Mg 层细小析出相及 PMMCs 层内 Mg$_{17}$Al$_{12}$ 相数量减少。

(4) 轧制 PMMCs/Mg 层状材料表现出典型的轧制织构，退火后，织构类型没有变化，但织构强度有所降低。

(5) 轧制 PMMCs/Mg 层状材料经退火后，UTS 和 YS 有所降低，但伸长率升高。随着退火时间的延长，其伸长率升高，但 YS 和 UTS 变化不大。

参 考 文 献

[1] Wang X J, Liu W Q, Hu X S, et al. Microstructural modification and strength enhancement by SiC nanoparticles in AZ31 magnesium alloy during hot rolling [J]. Mater Sci Eng A, 2018, 715: 49-61.

[2] Deng K K, Wang C J, Nie K B, et al. Recent research on the deformation behavior of particle reinforced magnesium matrix composite: a review [J]. Acta Metall Sin（Engl Lett）, 2019, 4: 413-425.

第4章 碳化硅增强镁基层状材料的组织与力学性能

4.1 引　言

第3章在挤压复合的基础上，基于轧制成形，制备出界面结合良好的PMMCs/Mg层状材料。对金属/金属层状材料的研究发现，通过调整金属层厚度，可使其综合力学性能得以大幅改观。此外，研究者对纯Al/Al合金[1]、Cu/Cu[2]、脆性/塑性钢[3]等金属/金属层状材料的研究也已证实，基于层数、层厚比等层结构参数调控可实现其强度和塑性同步提升[4-6]。

与金属/金属层状材料不同，PMMCs层内存在大量硬质颗粒：一方面会加剧层界面处应力集中；另一方面，因硬质颗粒对位错运动的阻碍作用更强，易在颗粒处诱发应力集中，促使颗粒破碎，与基体界面脱粘，从而大为降低PMMCs的塑韧性。对金属/金属层状材料的现有层结构参数的优化结果对PMMCs/Mg并不适用，关于层状结构几何参数(层厚比和层数)对PMMCs/Mg组织与力学性能的影响规律还需深入研究。

为此，本章将在第3章研究的基础上，设计不同层厚比和层数的PMMCs/Mg，探讨PMMCs与Mg层的界面协调行为，揭示层结构参数对PMMCs/Mg显微组织和力学性能的影响规律。

4.2 层结构参数设计

1. 层厚设计

本章设计并制备了三类层状PMMCs/Mg层状材料，如图4-1所示，通过调节PMMCs和Mg合金层(ZW31)的含量，可获得硬、软层层厚比不同(1∶1、1.7∶1、3.5∶1)的PMMCs/Mg层状材料，将其分别命名为L_1、$L_{1.7}$、$L_{3.5}$。

2. 层数设计

本章设计并制备了四类PMMCs/Mg层状材料，如图4-2所示。首先，将PMMCs

的总含量定为 15mm，固定 Mg、PMMCs 层的层厚比为 1.7，通过调节 PMMCs/Mg 层状材料中 PMMCs 和 Mg 的层数，可获得不同 PMMCs 层数（1、2、3、5）的 PMMCs/Mg 层状材料，将其命名为 L$_I$、L$_{II}$、L$_{III}$、L$_V$。不同层数 PMMCs/Mg 层状材料 7 道次轧制后的宏观形貌如图 4-2 所示，可见，PMMCs/Mg 层状材料表面光滑，无明显裂纹产生。

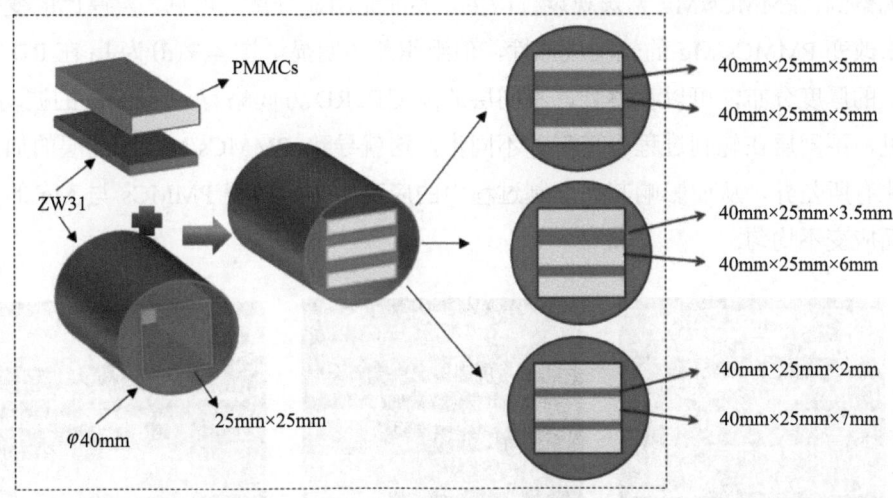

图 4-1　不同层厚比 PMMCs/Mg 层状材料示意图

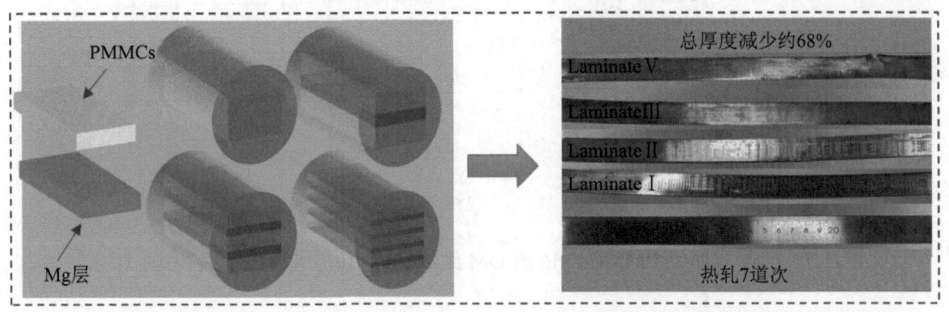

图 4-2　不同层数 PMMCs/Mg 层状材料示意图及轧制宏观形貌

4.3　层厚比对 PMMCs/Mg 组织与力学性能的影响

本节对不同层厚比 PMMCs/Mg 的显微组织与力学性能开展研究，分析 PMMCs/Mg 在轧制过程中 PMMCs 层和 Mg 层界面结构演化规律，阐明

PMMCs/Mg 板软、硬层在轧制成形中的作用规律。

4.3.1 层厚比对 PMMCs/Mg 显微组织的影响

不同层厚比的 PMMCs/Mg 轧制后的 OM 组织及不同层的厚度统计如图 4-3 所示。图 4-3(a)、(b)、(c)为 PMMCs/Mg 轧制后的 OM 组织，从 OM 组织中可以观察到，PMMCs/Mg 无宏观裂纹产生，界面无明显分离。可见，层厚比的变化并未改变 PMMCs/Mg 的轧制成形性，但组织差异明显。图 4-3(d)为 L_1 在 RD 方向上的厚度分布，可以观察到，不同层的厚度在 RD 方向略有 10~20μm 的波动。可见，不同层在轧制过程中变形并不同步，这就导致 PMMCs/Mg 不同层的加工硬化有所差异，从而影响其在轧制过程中的应变分布，使得 PMMCs 与 Mg 的层界面应变不均匀。

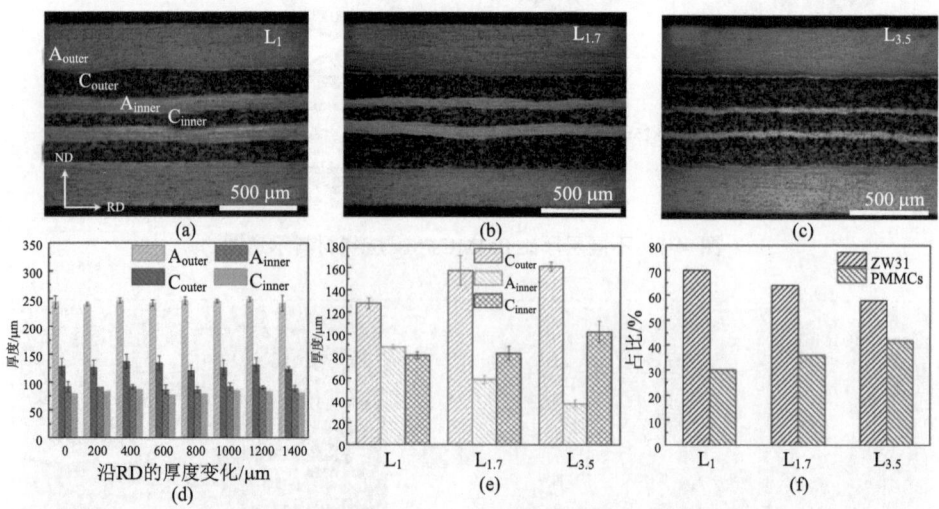

图 4-3 不同层厚比 PMMCs/Mg 的 OM 组织[(a)~(c)]和厚度统计[(d)~(f)]

图 4-3(e)为 PMMCs/Mg 各层厚度的变化值，可见，不同层厚度变化较为明显，随着层厚比的增加，C_{outer}、C_{inner} 均有所升高，对 Mg 层而言，A_{inner} 层明显减少。图 4-3(f)给出了不同层厚比 PMMCs/Mg 中 Mg 和 PMMC 的总含量变化趋势，从图中可以看出，随层厚比的增加，PMMCs 层的总含量明显增多，而 Mg 层含量有所下降。

$L_{1.7}$ 轧制后的 SEM 组织如图 4-4 所示。由图 4-4(a)可见，轧制后的 A_{outer} 层

中产生了孪晶组织，如白色箭头所示，在基体中均匀地析出了大量细小的相。在 Mg 层中，还存在变形引起的第二相破碎的现象，如图 4-4(a)中黄色箭头所示。对 Mg 层中的相进行面扫分析，合金中的颗粒相均为 MgZnY 相，如图 4-4(b)、(c)所示。在图 4-4(a)中，通过 C_{outer} 层的放大图可见，颗粒之间弥散分布着大量的 MgAl 相，由于变形前对 PMMCs 已经进行固溶处理，这些 MgAl 相是变形过程中析出的。图 4-4(g)为中间 Mg 层 A_{inner} 与相邻 PMMCs 的界面，由图可知，界面结合与外层 Mg 相同，未观察到明显的缺陷。红色框处的放大图，如图 4-4(h)所示。结合图 4-4(g)，对 Mg 层中 A、B、C 典型的颗粒状相进行 EDS 分析，其原子比为 1.6~3.7，结合 XRD 衍射图谱[图 4-4(i)]可知，其为 W 相($Mg_3Zn_3Y_2$)。图 4-4(h) A_{inner} 和 A_{outer} 层相同，晶粒中也存在大量的细小的析出相，并且可以观察到清晰的孪晶组织，靠近界面的区域，存在较多孪晶组织。

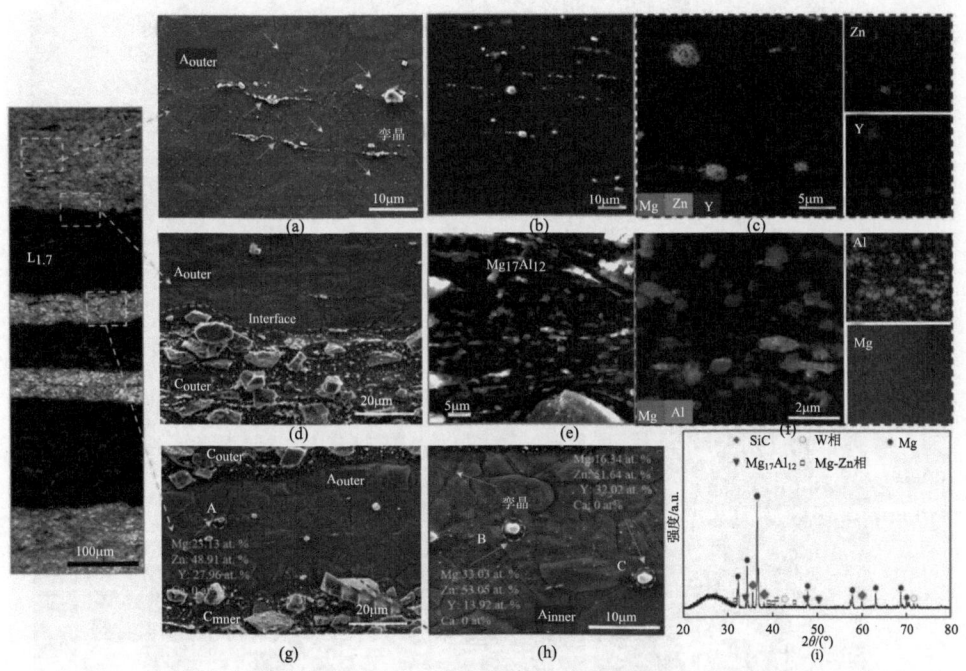

图 4-4 轧制压下量为 68%的 $L_{1.7}$ 的 SEM 组织及 XRD 衍射图谱

为了消除 PMMCs/Mg 轧制过程中产生的残余应力，所有板材在 350℃退火 1h，图 4-5 为不同层厚比 PMMCs/Mg 在 350 ℃退火 1h 后的 SEM 与 OM 组织。由图 4-5(j)、(k)、(l)可见，退火后，PMMCs 中弥散分布的 MgAl 相数量减少，当层厚比从1变化至3.5时，Mg层平均晶粒尺寸有所增大，PMMCs层平均晶粒尺寸有所减小，且Mg层平均晶粒尺寸均大于PMMCs层，这说明，层厚比导致PMMCs/Mg中软硬层应力状态发生改变。随层厚比增大，Mg层在变形过程中承受应力增大，导致变形后储存能增加。再结晶过程中，较高驱动力促使晶粒长大，导致Mg层中晶粒尺寸的增加。对PMMCs层而言，晶粒都沿着轧制方向(RD)有所拉长，层厚比增加，PMMCs的含量明显增加，导致颗粒周围塞积位错数量增多，有利于促进再结晶的发生，从而导致再结晶晶粒数量增加，平均晶粒尺寸降低。PMMCs层比Mg层晶粒细小，其原因是：SiC$_p$不仅能够促进再结晶形核，也会阻碍晶界迁移，降低了晶粒尺寸。对L$_{1.7}$、L$_{3.5}$来说，外层PMMCs和Mg的

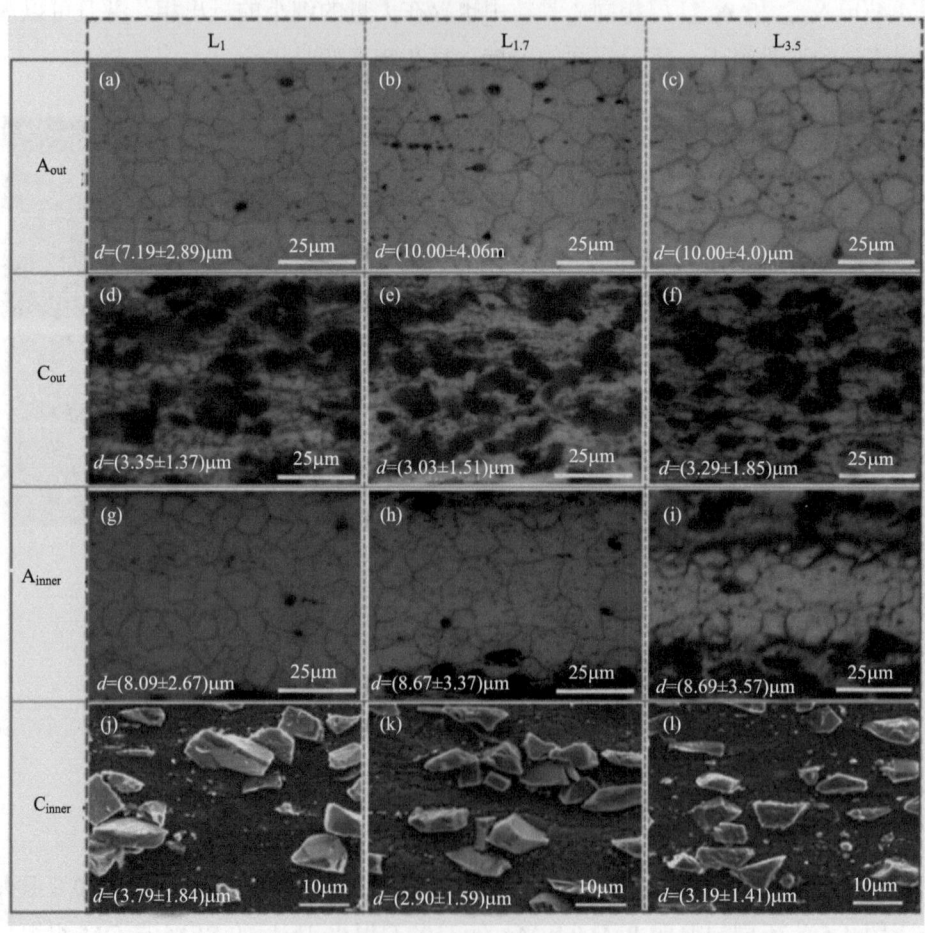

图4-5 L$_1$、L$_{1.7}$和L$_{3.5}$经350℃退火1h后的SEM与OM组织

平均晶粒尺寸均大于内层，因轧制后内层残留的储存能较高，在之后的退火过程中，内层再结晶的形核率较大，且内层 Mg 两侧界面区域抑制了再结晶晶粒的长大，进而导致内层晶粒尺寸相比外层较小。但是，对于 L_1 来说，外层的 PMMCs 和合金的平均晶粒尺寸均略小于内层，这说明，当层厚比降低时，内层合金受相邻的界面约束的效果减弱，并且内层较大储存能致使再结晶晶粒长大驱动力随之增大，L_1 中的 C_{inner} 由于厚度较小，颗粒数量较少，对再结晶的形核率促进作用不及 C_{outer}，导致其晶粒尺寸略大于外层。

图 4-6 为 PMMCs/Mg 低倍数 OM 组织，对比退火后不同层厚比的 PMMCs/Mg，在 A_{outer} 和 C_{outer}、A_{inner} 和 C_{inner} 的界面处的 Mg 层都观察到了细晶区，如图 4-6 虚线矩形框所示。PMMCs 在热变形过程中的塑性变形能力低于 Mg 层，靠近界面的 Mg 合金在变形过程中变形较困难，导致其产生更高的储存能，从而在静态再结晶时有较高的形核率，因此，Mg 层界面处的晶粒更加细小。

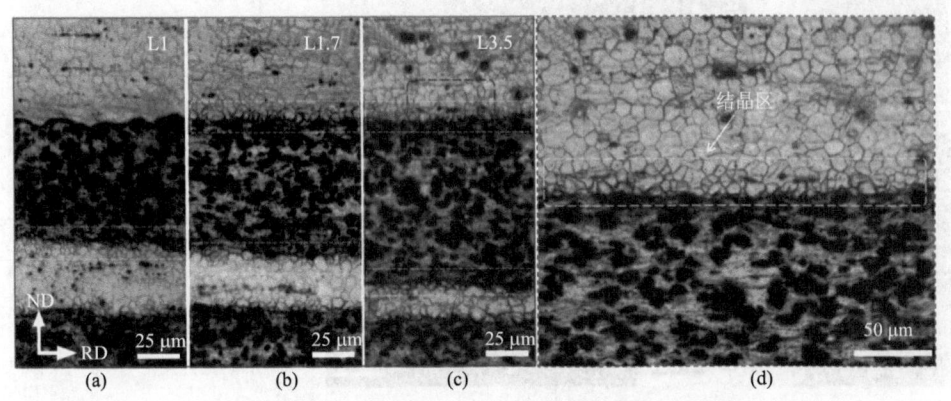

图 4-6　PMMCs/Mg 经 350℃退火 1h 后 Mg 和 PMMCs 界面处的 OM 组织

(a) L_1；(b) $L_{1.7}$；(c) $L_{3.5}$；(d) (c) 对应区域的放大图

对比图 4-6(a)、(b)、(c) 可见，随层厚比增大，A_{outer} 和 C_{outer} 界面处晶粒细化的效果更加明显，A_{inner} 和 C_{inner} 界面处晶粒细化的效果有所减弱。这一方面说明，不同层厚比的内外层界面处应力不同，因变形不匹配产生的储存能不同，在退火中，再结晶的驱动力发生变化。另一方面说明，内外层的界面处 SiC_p 的存在也促进了相邻 Mg 层的再结晶，在 SiC_p 周围，晶粒细化明显。PMMCs/Mg 界面处过渡层的存在，从侧面进一步表明 PMMCs 与 Mg 的界面结合良好。基于以上分析，不同层厚比 PMMCs/Mg 不同层均表现出晶粒尺寸差异，即 PMMCs 中的晶粒尺寸小于 Mg 层，并且在层界面处存在一个过渡层。

图 4-7 为 PMMCs/Mg 退火前后 A$_{outer}$ 以及 SiC$_p$ 周围区域的 TEM 图像，退火前，A$_{outer}$ 中存在孪晶组织，并且在晶内发现了细小的第二相，如图 4-7(c)、(f) 所示，通过 EDS 分析，这些相为 Y 含量较高的相。退火后的组织图如图 4-7(d) 所示，在晶内存在细小的相，通过 EDS 分析，这些相仍为 Y 含量较高的相，相比退火前，Y 含量有所减少。在 C$_{outer}$ 中，在 SiC$_p$ 周围区域观察到细小的晶粒，这说明了由于 PSN 机制，颗粒周围产生小的再结晶颗粒。

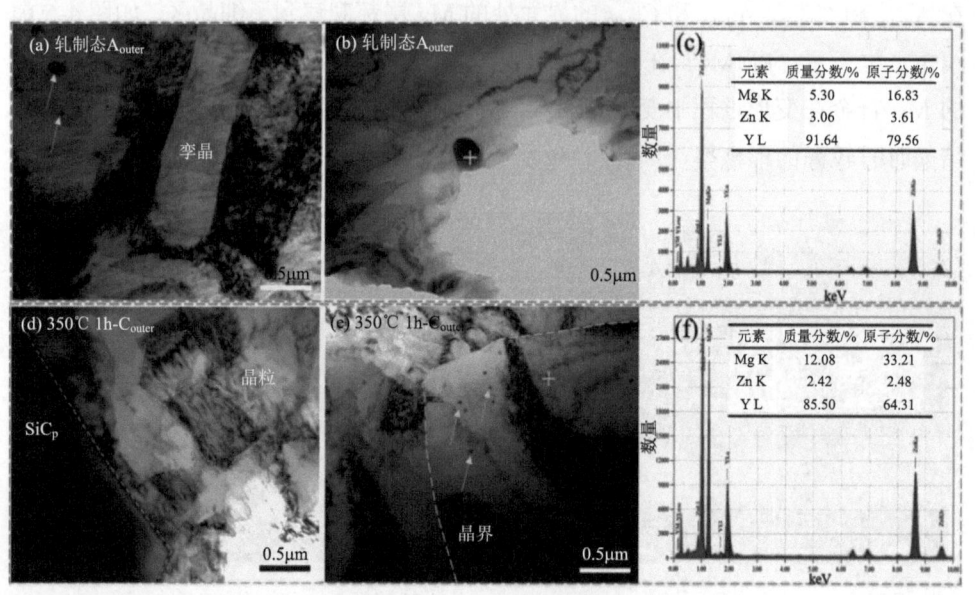

图 4-7 L$_{1.7}$ 的 TEM 组织

(a)(b) L$_{1.7}$ 在轧制压下量为 68% 时的 A$_{outer}$ 的 TEM 组织及 (c) EDS 分析；(d)(e) L$_{1.7}$ 经 350℃ 退火 1h 后 A$_{outer}$ 的 TEM 组织及 (f) EDS 分析

图 4-8 为 L$_1$ 和 L$_{3.5}$ 在 350℃ 退火 1h 后中子衍射宏观织构，可见两种层厚比 PMMCs/Mg 均为明显的基面织构，基面平行于轧制方向，表现为典型的轧制织构。随着层厚比的增加，PMMCs/Mg 的织构强度降低，表明 PMMCs 层厚的增加可以有效弱化织构强度。PMMCs 层对织构强度的弱化作用与 SiC$_p$ 有关。一方面，由于 SiC$_p$ 的存在，会阻碍其周围基体变形，从而弱化轧制织构。另一方面，在静态再结晶过程中，PMMCs 内因 SiC$_p$ 周围位错密度大，由 PSN 机制产生的再结晶晶粒数量增多，因再结晶晶粒取向随机，弱化了织构，使基面织构强度降低。

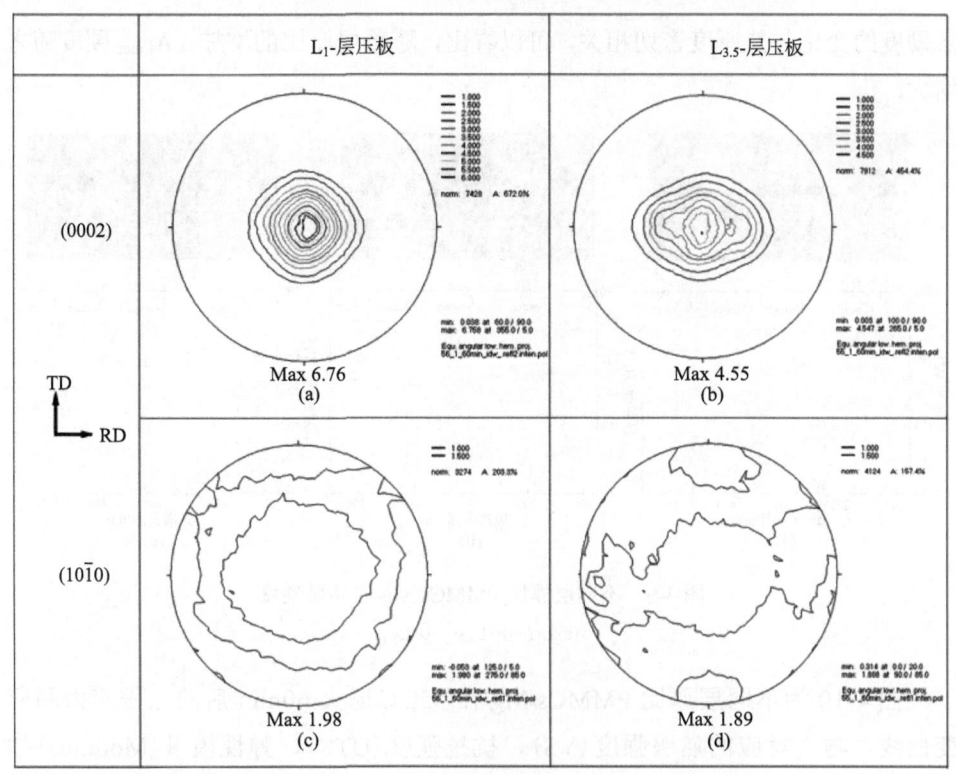

图 4-8 L₁ 和 L₃.₅ 经 350℃退火 1h 后的宏观织构
(a)(c) L₁；(b)(d) L₃.₅

4.3.2 层厚比对 PMMCs/Mg 力学性能的影响

PMMCs/Mg 不同位置的显微硬度如图 4-9 所示。可以观察到不同层厚比的 PMMCs/Mg 中 PMMCs 层硬度明显高于 Mg 层，界面处的硬度居于二者之间。通过对比图 4-9(a)、(b)、(c)，可以明显观察到，随着层厚比的增大，C_{outer} 与 C_{inner} 硬度(HV)的差距减小，从 16 降低到 1，但 C_{outer} 总是高于 C_{inner}。因外层应变较大，导致外层承受的变形大于内层，加工硬化更加明显，外层界面硬度略高于内层界面。一般而言，材料的硬度与晶粒尺寸、析出相密切相关，在 PMMCs 中，存在大量析出的 MgAl 相，这些相的存在使得位错运动受阻，并且由于 SiC_p 与 Mg 基体的热膨胀系数不同，热变形后的冷却过程中，颗粒周围产生大量的热错配位错，显著提高了硬度。Mg 层中，仅存在少量的 W 相，还有大量的细小 MgZn 相，晶粒尺寸也较大，使得硬度低于 PMMCs 层。对 Mg 层来说，A_{inner} 高于 A_{outer}。Mg

层硬度的变化与其厚度密切相关，可以看出，随着层厚比的增加，A_{inner}硬度随之增大。

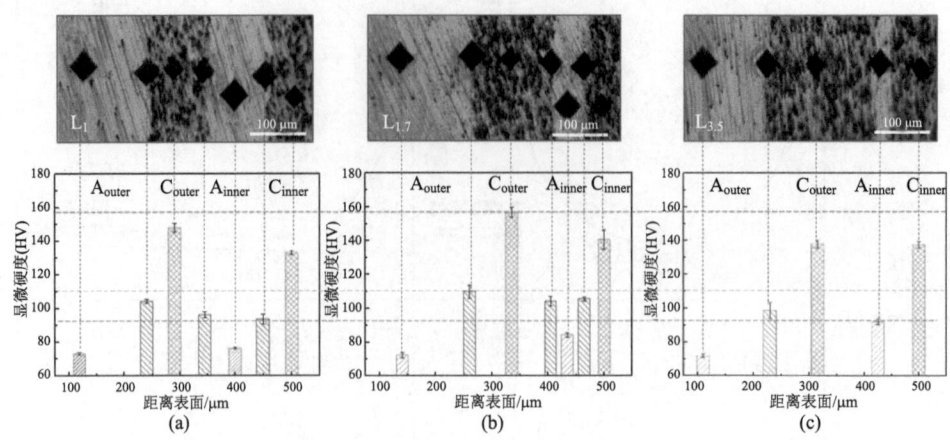

图 4-9　不同层厚比 PMMCs/Mg 的显微硬度
(a) L_1；(b) $L_{1.7}$；(c) $L_{3.5}$

图 4-10 为不同层厚比 PMMCs/Mg 在 350℃退火 60min 后的工程应力和应变曲线，与之对应的屈服强度（YS）、抗拉强度（UTS）、弹性模量（Modulus）如图 4-10(b)所示。由图可见，层厚比由 1 增大至 3.5，材料的屈服强度、抗拉强度分别增加约 31MPa、18MPa，如图 4-10(c)所示。相比而言，弹性模量的变化较为明显，从 47.6 GPa 增至 55.2GPa，增长了约 20%。随着层厚比的增大，PMMCs/Mg 的伸长率降低。可见，PMMCs 的含量对 PMMCs/Mg 模量和伸长率的影响较为明显。对 PMMCs/Mg 的拉伸韧度进行计算，其计算公式为(UTS × EL%)/100，可以看到，随着层厚比的增加，拉伸韧度降低。

对单一的 Mg 合金和 PMMCs（10μm 15 vol% SiC_p/AZ91），其弹性模量分别为 41.6 GPa 和 62 GPa，PMMCs/Mg 的弹性模量可由混合法则计算得到：

$$E_C = E_1 \times V_1 + E_2 \times V_2 \tag{4-1}$$

式中，E_i 和 V_i 分别代表 PMMCs/Mg 内 i 组分的弹性模量和体积分数。由公式计算得到 PMMCs/Mg 的理论弹性模量。图 4-10(d)给出了相应的数值以及拟合得到的直线。可以看到，当层厚比升高时，理论弹性模量比实际弹性模量略低 2~5GPa。

L_1 和 $L_{3.5}$ 的断口 SEM 形貌如图 4-11 所示。由图 4-11(a)中可以看出，L_1 中 Mg 层呈 45 度断裂，PMMCs 层为典型的脆性断裂，其断裂平面垂直于拉伸方向。裂纹的产生位置和扩展方式如图 4-11(b)所示，在 PMMCs 中，大多裂纹是在 SiC_p

第 4 章 碳化硅增强镁基层状材料的组织与力学性能

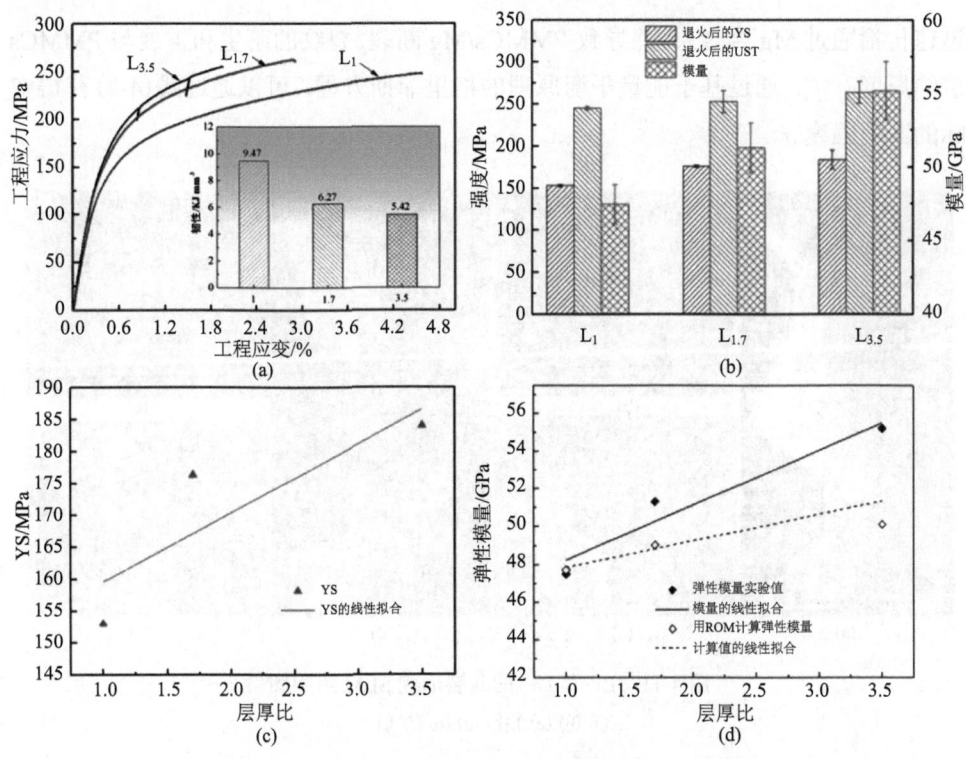

图 4-10 不同层厚比 PMMCs/Mg 的室温拉伸性能

(a) L_1、$L_{1.7}$ 和 $L_{3.5}$ 复合板的工程应力-应变曲线；(b) PMMCs/Mg 的强度和弹性模量；(c) (d) 屈服强度与弹性模量的拟合图

聚集区域产生，还有一些裂纹位于破碎的 SiC_p 之间，裂纹主要沿着 SiC_p 与基体的界面扩展。其中，层界面对裂纹扩展具有一定的阻碍作用，如图 4-11(c) 中 PMMCs 层内白色箭头所示。层厚比增加至 $L_{3.5}$ 时，其断口如图 4-11(d)、(e)、(f) 所示。由图 4-11(e) 中可以观察到，断裂后，在两层材料的界面处，有微裂纹存在。而在 PMMCs 中未发现明显的微裂纹。RD 方向，无明显裂纹。图 4-11(f) 为正面断口，可以观察到，PMMCs 中的 SiC_p 破碎处存在大量的微孔。大多 SiC_p 已经从基体中脱粘。颗粒破碎，裂纹在颗粒处萌生，并且沿着界面扩展，是 $L_{3.5}$ 断裂的主要原因。

上述现象表明，$L_{3.5}$ 的裂纹萌生和扩展机理与 L_1 相似。尽管如此，$L_{3.5}$ 的断裂面比 L_1 平坦得多，如图 4-11(d) 中黄色虚线所示。此现象可能与 PMMCs 层中 Mg 的含量有关。与图 4-11(a) 相比，在 $L_{3.5}$ 中 PMMCs 层之间的 Mg 层厚度更薄，意味着承受载荷的能力减弱。一旦裂纹到达 Mg 层和 PMMCs 层的界面，裂纹将迅速传播通过 Mg 合金层，并导致 PMMCs/Mg 断裂。裂纹的萌生和扩展与 PMMCs 层的厚度有关。通过基于能量平衡原理的格里菲斯方程，可以通过式(4-2)获得实际的断裂强度 σ。

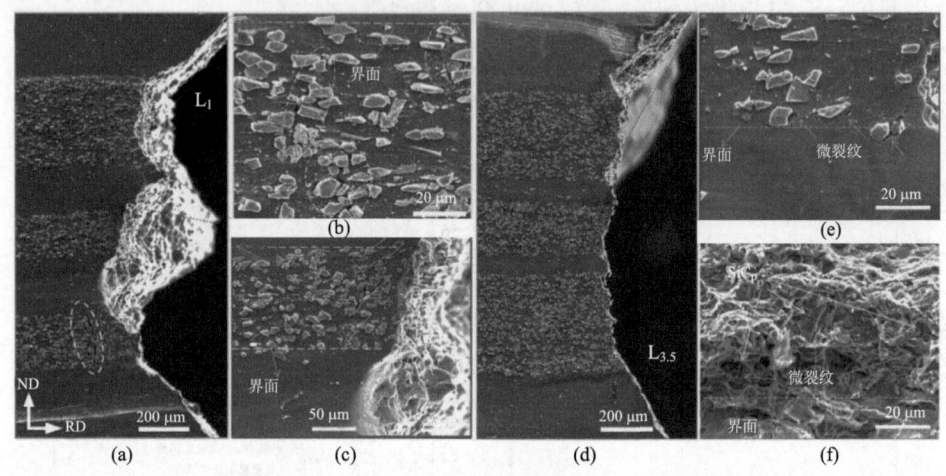

图 4-11　L_1 和 $L_{3.5}$ 的断裂形貌 SEM 组织图
(a)(b)(c) L_1；(d)(e)(f) $L_{3.5}$

$$\sigma = \sqrt{\frac{2\gamma E}{\pi c}} \tag{4-2}$$

式中，c 为裂纹长度；γ 和 E 为材料的关键性能指标和微观结构状态参数。根据公式，σ 与裂纹尺寸的平方根成反比。考虑到 PMMCs 中存在硬质 SiC_p，在 PMMCs 层的基体和界面处容易发生微裂纹。随着应力的增加，微裂纹在 PMMCs 层中迅速扩展。此外，随着层厚比的增加，裂纹的传播速度以及裂纹的长度 c 迅速增加，这导致 PMMCs 层的 σ 减小。如前所述，PMMCs/Mg 中 Mg 层的含量随着层厚比的增加而降低。因此，在大层厚比 PMMCs/Mg 中的 Mg 层容易产生更大的应力集中。随后，裂纹将通过 Mg 层扩展，并导致 PMMCs/Mg 的断裂。

为了探索 PMMCs/Mg 的裂纹产生的位置和扩展方式，对其进行了三点弯曲试验。弯曲性能和断口形貌如图 4-12 所示。图 4-12(a)为 PMMCs/Mg 的弯曲应力-应变曲线。与 PMMCs 相比，PMMCs/Mg 不仅具有较好的弯曲应变，而且具有较高的弯曲强度。可见，层状结构赋予 PMMCs 更好的弯曲性能。此外，PMMCs/Mg 的弯曲性能还取决于 Mg 层和 PMMCs 层之间的层厚比。

第4章 碳化硅增强镁基层状材料的组织与力学性能

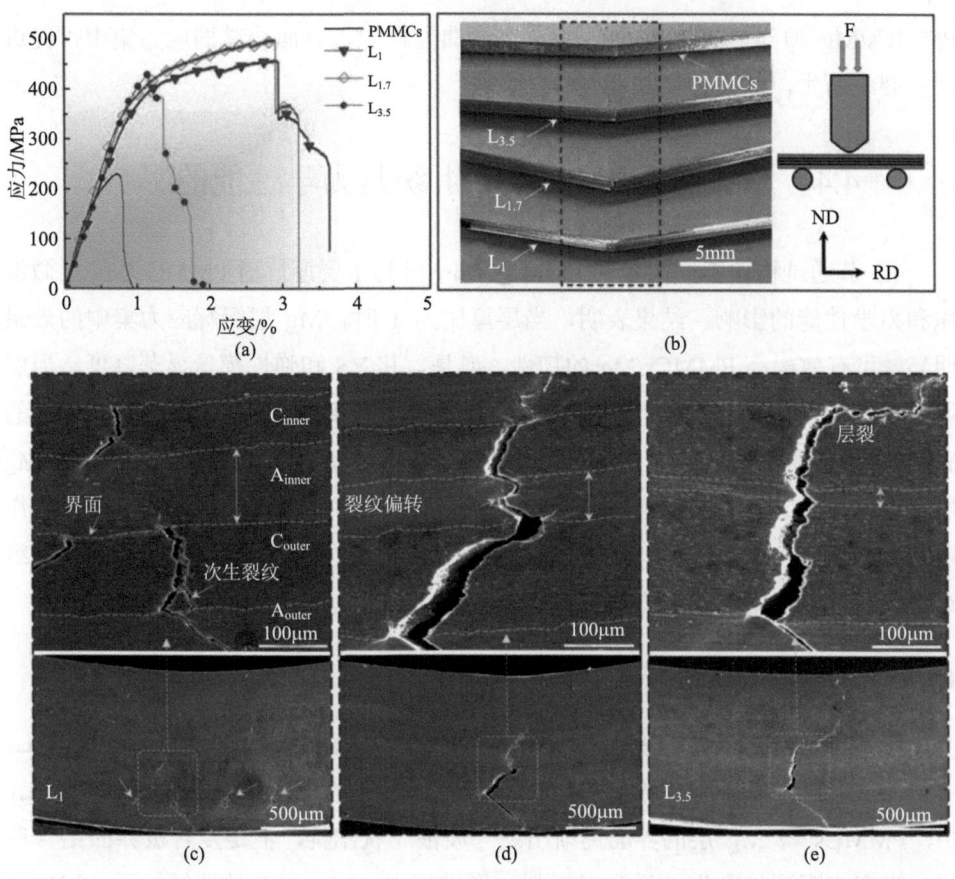

图 4-12 PMMCs/Mg 层状材料的室温三点弯曲结果
(a)弯曲的应力-应变曲线；(b)弯曲后的宏观形貌；(c)、(d)、(e)分别为 L_1、$L_{1.7}$ 和 $L_{3.5}$ 复合板的 SEM 形貌及局部区域放大图

结合图 4-12(b) 中 PMMCs/Mg 弯曲后的宏观形貌，可见，其弯曲应变随层厚比的增加而减小。L_1、$L_{1.7}$ 和 $L_{3.5}$ 弯曲后的 SEM 组织分别如图 4-12(c)、(d) 和 (e) 所示。L_1 和 $L_{1.7}$ 的裂纹较为曲折，而 $L_{3.5}$ 的裂纹较为平坦。Mg 层越厚，裂纹越曲折。换言之，Mg 层在抑制裂纹扩展和改善 PMMCs/Mg 的弯曲应变方面具有显著作用。如图 4-12(c) 中箭头所示，多数裂纹分布在 PMMCs 层中。PMMCs/Mg 在弯曲过程中，底层由于承受拉应力优先产生应变硬化。当底层 PMMCs 的塑性变形能力耗尽时会产生裂纹，因韧性较好的 Mg 层对裂纹扩展的阻碍作用，裂纹尖端产生分化，并且裂纹在界面处会发生偏转，如图 4-12(d) 所示。载荷下降，曲线出现平台，如图 4-12(a) 所示。随弯曲的进行，载荷继续下降，裂纹继续向

PMMCs/Mg 顶部扩展。PMMCs/Mg 在弯曲过程中，界面会减弱应力集中，促进次生裂纹萌生，从而提高其韧性。

4.4 层数对 PMMCs/Mg 组织与力学性能的影响

4.3 节通过构建不同层厚的 PMMCs/Mg，研究了层厚比对 PMMCs/Mg 显微组织和力学性能的影响。结果表明，当层厚比为 1 时，Mg 层缓解应力集中的效果明显，可有效提高 PMMCs/Mg 的韧性，但是，其 YS 和弹性模量显著降低。当层厚比增大到 3.5，层界面处应力集中大，对裂纹的阻碍作用减弱。PMMCs/Mg 的 YS 和弹性模量随着层厚比的增加而增大，但伸长率有所降低。当 PMMCs 与 Mg 层层厚比为 1.7 时，其综合性能最佳。正是基于层界面的载荷传递和应力分配作用，赋予了 PMMCs/Mg 优异的强韧性匹配。因此，层界面数量对 PMMCs/Mg 组织与力学性能的影响规律需要深入探讨。

4.4.1 层数对 PMMCs/Mg 显微组织的影响

图 4-13 为不同层数的 PMMCs/Mg 轧制后的 OM 组织，可以看出，在 L_I、L_{II} 中 PMMCs 与 Mg 层之间层次分明，界面较为平直。随着层数的增加，在 L_{III}、L_V 中，PMMCs 与 Mg 层的界面逐渐出现"波浪"状结构，但是复合板界面结合良好，没有宏观裂纹产生，说明在轧制变形过程中，Mg 层有效地缓解了 PMMCs 中局部区域的应力集中。

在多层 PMMCs/Mg 设计时，其 PMMCs 的总含量相同，但经轧制后不同层数 PMMCs/Mg 中 PMMCs 的总厚度并不相同，如图 4-13 所示，其中间层 PMMCs 厚度明显小于外层 PMMCs。厚度统计结果如图 4-14 所示，从图中可以看出，当层数仅为 1 层时，PMMCs 的总厚度约为 300μm，层数增加时，总厚度增加至约为 440μm。由于原始 PMMCs 板厚度为 15mm，所以当压下量为 68%时，单层板中 PMMCs 的厚度减少了 80%，而多层板中 PMMCs 的减少量为 70%。轧制过程中 Mg 层与 PMMCs 变形不同步，多道次轧制后，其 PMMCs 含量并没有显著改变。说明轧制对 PMMCs 含量的影响并不明显，与轧制相比，挤压对复合板内 PMMCs 含量的影响较为显著，这是因为与 Mg 合金相比，PMMCs 的塑性差，在挤压复合的过程中，由于 PMMCs 的流动性低于 Mg 合金，并且单层 PMMCs/Mg 中 PMMCs 主要存在于中心区，导致靠近挤压中心区域的 PMMCs 挤出较少。这也是多层 PMMCs/Mg 中间层 PMMCs 的厚度小于外层 PMMCs 的原因。

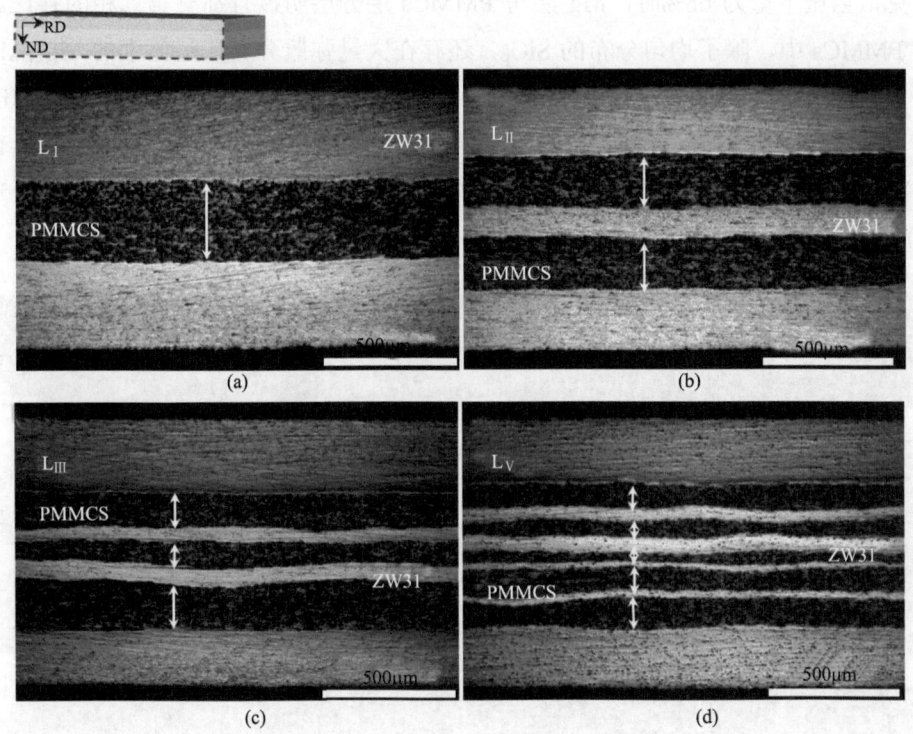

图 4-13 不同 PMMCs 层数 PMMCs/Mg 轧制后的 OM 组织
(a) 1 层；(b) 2 层；(c) 3 层；(d) 5 层

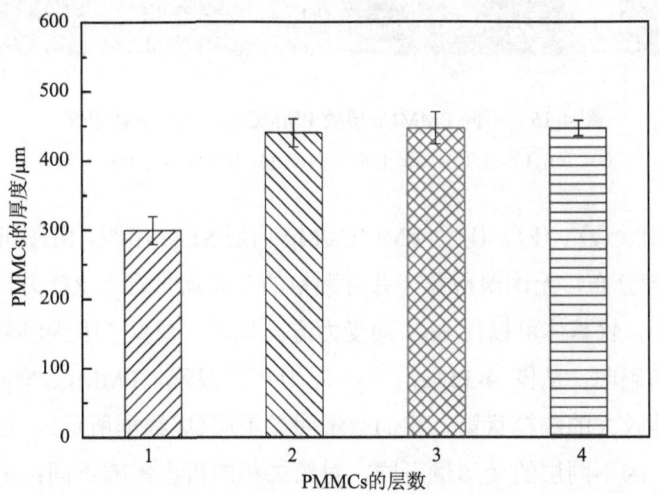

图 4-14 不同 PMMCs 层数 PMMCs/Mg 中 PMMCs 的总厚度

图 4-15 为不同层数 PMMCs/Mg 的 SEM 组织，由图 4-15(a)、(b)、(c)、(d) 可见，当压下量为 68%时，Mg 层与 PMMCs 层分层明显且都有第二相的存在。在 PMMCs 中，除了均匀分布的 SiC_p，还存在大量弥散分布在基体中的 $Mg_{17}Al_{12}$ 相，相比 PMMCs 来说，Mg 层中的相的数量较少。从图 4-15(e)、(f)、(g)、(h) 可以观察到，所有 PMMCs/Mg 的 Mg 层中都存在尺寸较大的第二相，如图 4-15 (e)、(f)、(g)、(h) 中虚线圆圈所示，在 Mg 层中还分布着小尺寸相，如图 4-15(e)、(f)、(g)、(h) 中箭头所示。

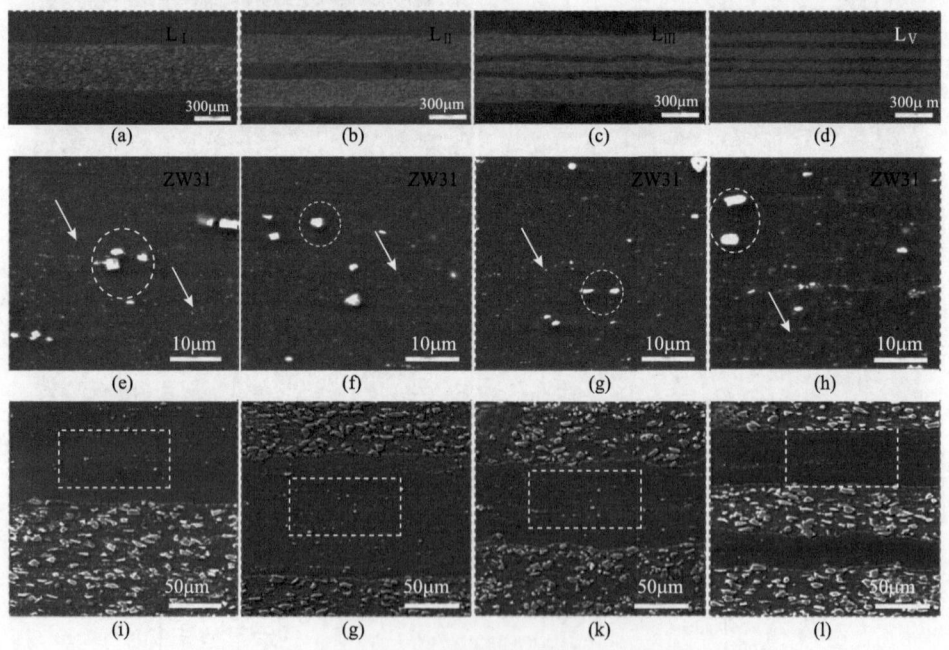

图 4-15　不同 PMMCs 层数 PMMCs/Mg 中 SEM 组织
(a)、(e)、(i)L_I；(b)、(f)、(g)L_{II}；(c)、(g)、(k)L_{III}；(d)、(h)、(l)L_V

图 4-15(i)、(g)、(k)、(l) 为 PMMCs/Mg 内层 SEM 组织，由图可见，PMMCs 层内 SiC_p 均匀分布，无团聚现象，并且颗粒的分布均平行于 RD 方向，这是因为热变形过程中，软基体可以使 SiC_p 向受力方向偏转，减少了因为颗粒周围应力过大产生裂纹的倾向。从图 4-15(g)、(k)、(l) 可以发现，PMMCs/Mg 中内层 Mg 合金层中尺寸较大的颗粒状第二相的数量明显不同(虚线框所示)，这是因为，在变形过程中，因不同层的变形量不同，对第二相的析出影响不同：随着变形量的增加，位错密度增加，利于第二相的析出。通过模拟轧制过程中板材的应力应变

分布可知，层状 PMMCs/Mg 中应变量从外层到内层依次减小。对比 L_{II}、L_{III}、L_V 内层 Mg 合金可知，当层数增多，Mg 层厚度减小，相同面积的内层 Mg 合金析出相数量有所减少，如图 4-15(g)、(k)、(l) 所示。

图 4-16 为 L_V 内层的放大 SEM 组织以及对应区域的面扫图。由图 4-16(a) 可知，在 PMMCs 基体中存在均匀分布的细小 $Mg_{17}Al_{12}$ 相，而在层界面处和 SiC_p 之间 $Mg_{17}Al_{12}$ 相尺寸较大，如图 4-16(a)、(b)、(d) 中虚线圆圈所示。主要原因在于：一方面层界面处和 SiC_p 之间的区域变形量大，是 $Mg_{17}Al_{12}$ 相有利形核和长大位置，另一方面是大尺寸 $Mg_{17}Al_{12}$ 相的界面曲率小，易接受 Al 原子并不断长大。

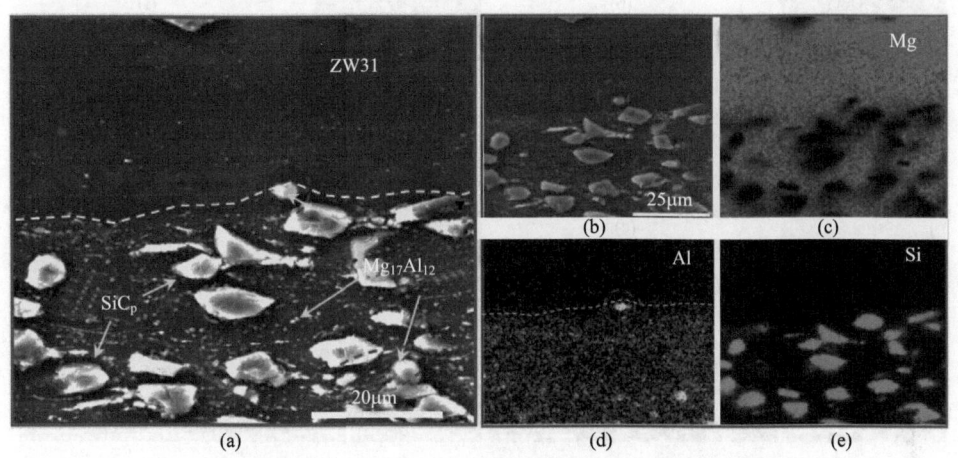

图 4-16 Mg 合金与 PMMCs 界面处的 SEM 及 EDS 面扫图

图 4-15(h) 为 L_V 最外层 Mg 合金的 SEM 组织，图 4-16(a) 为 L_V 内层 Mg 合金的 SEM 组织，对比二者可知，外层 Mg 合金中第二相数量多于内层。为便于观察内外层第二相的差异，对 L_V 不同层进行 SEM 组织分析，其 SEM 结果如图 4-17 所示。图 4-17(a)、(b)、(c)、(d) 为 L_V 轧制后的 SEM 组织，图 4-17(e)、(f)、(g)、(h) 为 350℃ 退火 1h 的 L_V 的 SEM 组织。对比图 4-17(b)、(c)、(d) 与 (f)、(g)、(h) 可知，退火后 Mg 合金内外层中细小析出相的数量减少。另外，无论是轧制态还是退火态，外层 Mg 合金中析出相的数量多于内层。

对于轧制态 L_V 而言，外层 Mg 合金变形量大，产生大量的位错，提高了析出相的形核率，增加了细小析出相的数量。对于退火态 L_V 来说，大部分第二相经退火而溶入基体中，但在 Mg 合金层中仍存在尺寸较大的未溶相，这些相主要含有 Mg、Zn、Y 元素。由图 4-17(f)、(g)、(h) 中的虚线框可知，内外 Mg 合金层中都含有尺寸较大的相，这可能是均匀化后的残留的高熔点相。由图 4-17(f) 可见，箭头所指的尺寸介于细小相与较大尺寸相之间的第二相在外层 Mg 合金中数量较多，这很可能是退火过程中 MgZnY 相的长大所致。

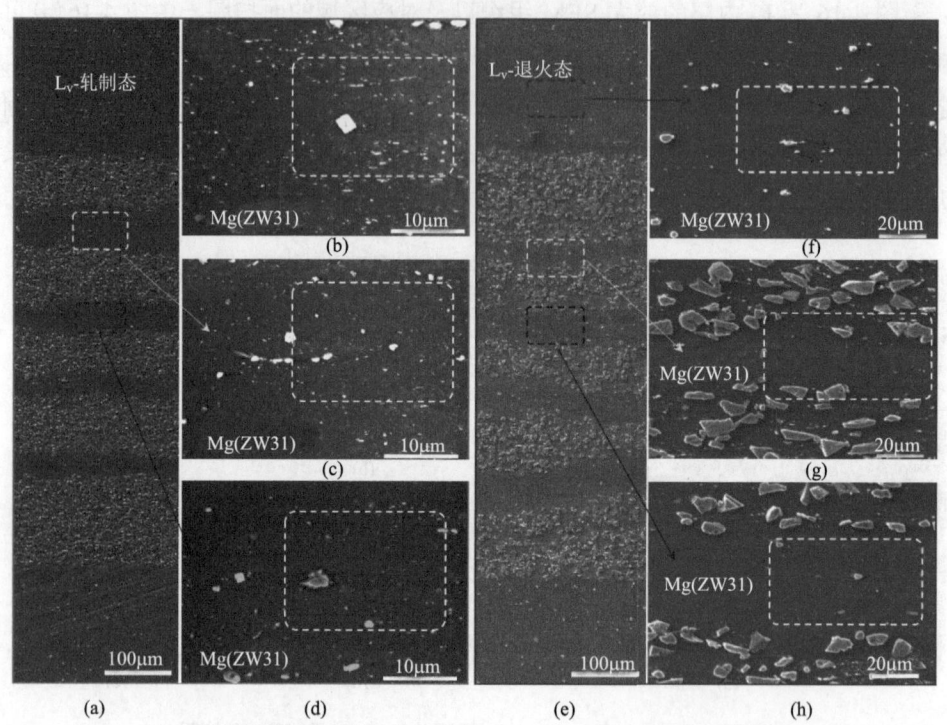

图 4-17 轧制态和退火态 L_V 内外 Mg 合金层的 SEM 组织

不同层数 PMMCs/Mg 的 XRD 图谱如图 4-18 所示，除了 α-Mg 和 W 相 ($Mg_3Y_2Zn_3$) 衍射峰外，还有 Mg-Zn 相的衍射峰，表明有大量 Mg-Zn 相在变形过程中析出。W 相为热力学稳定相，经过轧制变形后，连续状的 W 相变成了颗粒状，如图 4-17(a) 所示，并且颗粒状 W 相的分布更加均匀。

由于最外层 Mg 合金中相数量较多，为了进一步探究多层 PMMCs/Mg 中 Mg 合金层相的变化规律，对 L_V 的外层 Mg 合金层进行 SEM 分析。图 4-19 为 PMMCs/Mg 中 Mg 合金层和 PMMCs 层退火前后的 SEM 组织及典型颗粒状第二相的 EDS 分析。图 4-19(a)、(b) 分别为轧制态和退火后 PMMCs/Mg 合金层的 SEM 组织。可见，退火后弥散在 Mg 基体中细小相数量减少，通过 EDS 分析可知，这些颗粒状第二相均由 Mg、Zn、Y 元素组成。退火后，颗粒状第二相中 Zn 元素含

第 4 章 碳化硅增强镁基层状材料的组织与力学性能

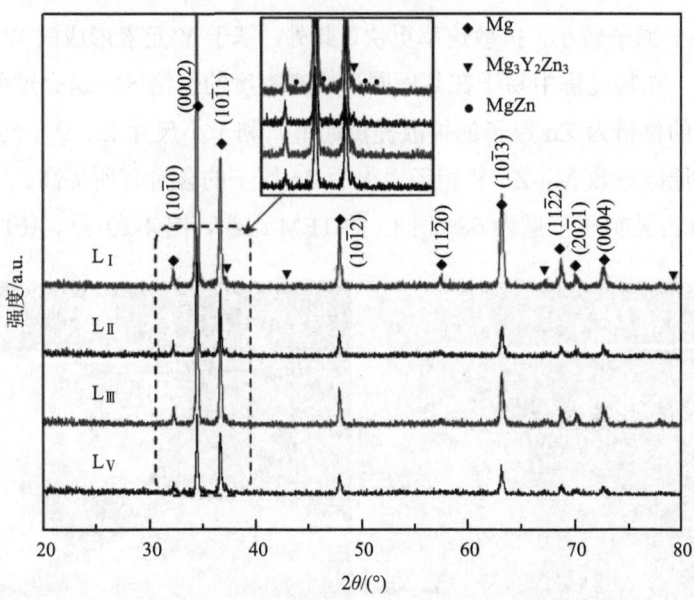

图 4-18 不同层数 PMMCs/Mg 的 XRD 图谱

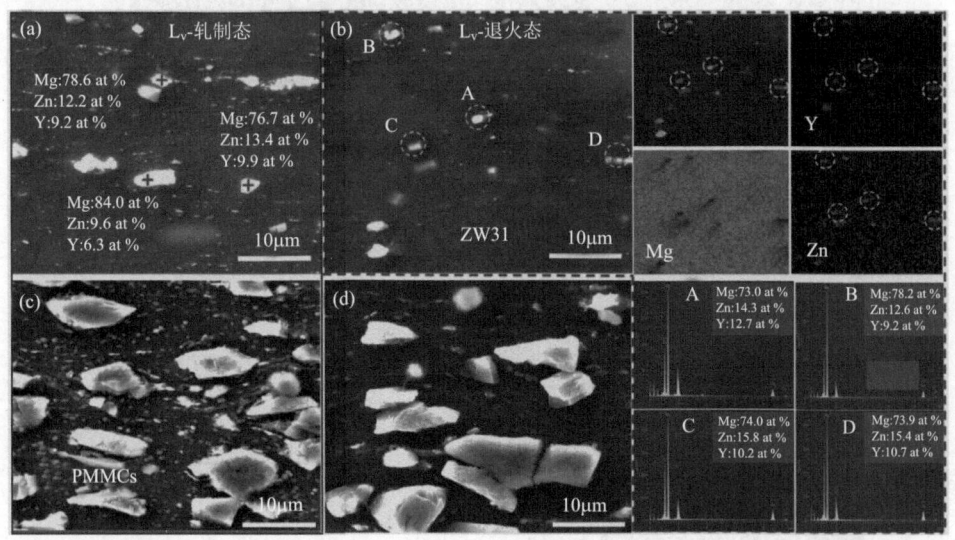

图 4-19 PMMCs/Mg 中 Mg 合金层和 PMMCs 层退火前后 SEM 组织及 EDS 分析
at%表示原子分数

量有所增加。退火过程中，一方面，弥散在基体中的 Mg-Zn 相溶解，Zn 原子扩散至 Y 元素周围，使得 Mg-Zn-Y 相中 Zn 的含量增加；另一方面，鉴于 Mg、Zn、Y 的原子半径分别为 0.160nm、0.133nm、0.181nm，各个原子间尺寸差异大，Zn

原子半径比 Y 原子较小，扩散速率更快。此外，基于 Y 元素形成的 W 相熔点高、热稳定性好，轧制过程中易于在其周围形成高密度的位错区，退火过程中，W 相周围高密度的位错为 Zn 原子的扩散提供通道，利于小尺寸 Zn 原子向 W 相周围扩散。上述原因导致 Mg-Zn-Y 相经退火后 Zn 原子的含量有所提高。

图 4-20 为轧制压下量为 68%时 L_V 的 TEM 组织，图 4-20(a)、(b)、(c)为 L_V

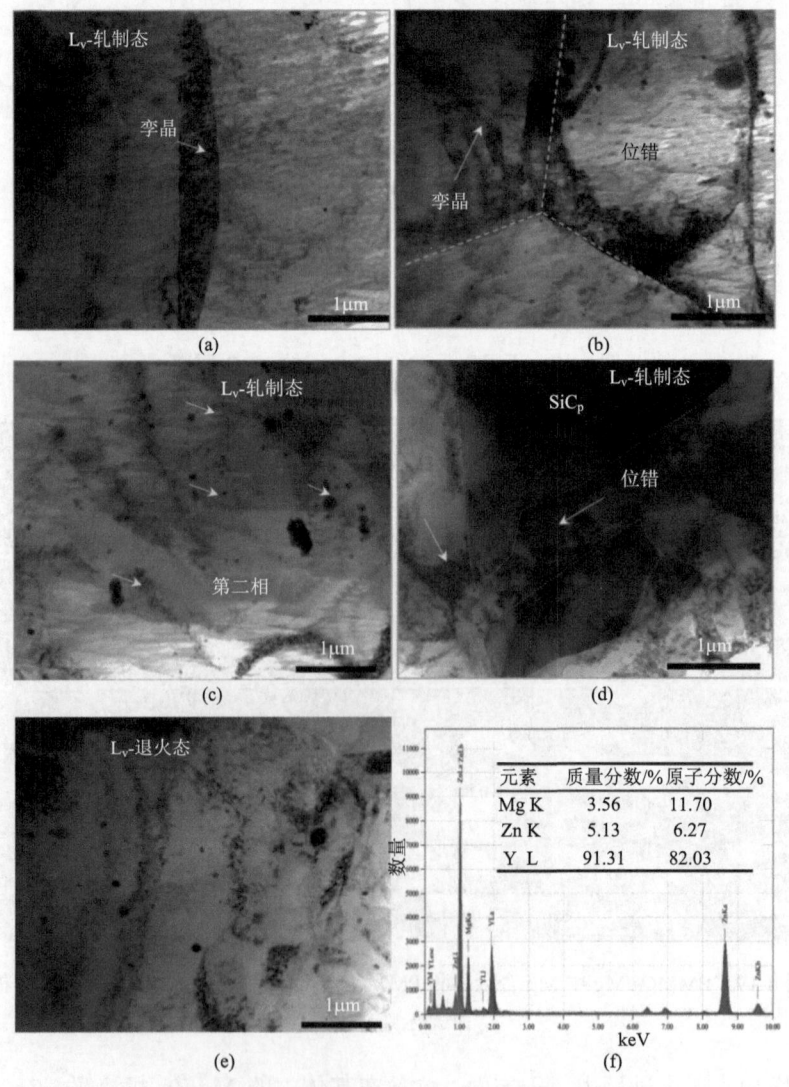

图 4-20　L_V 在轧制压下量为 68%时的 TEM 组织

(a)、(b)、(c) L_V 中 Mg 合金层的 TEM 组织；(d) L_V 中 PMMCs 层的 TEM 组织；
(e) L_V 退火后的 TEM 组织；(f) (e)中对应点的 EDS 分析

中的 Mg 合金层的 TEM 组织,由图 4-20(a)可知,L_V轧制后存在孪晶。图 4-20(b)表明,除孪晶外,晶界和晶粒内部还存在颗粒状的第二相,由于晶界对位错运动的阻碍作用,导致大量位错在晶界处塞积。由图 4-20(c)可见,晶粒内部弥散分布着细小的第二相。图 4-20(d)为 SiC_p周围的 TEM 组织,由图可见,其周围也塞积着大量的位错,尤其是 SiC_p之间的区域。一般认为,在不可变形颗粒周围存在有一个高位错密度和较大的取向差的区域,称为(PDZ),对再结晶有促进作用。经退火后,位错密度明显降低,如图 4-20(e)所示。其内部残留细小析出相的 EDS 结果,如图 4-20(f)所示,主要含有 Mg、Zn、Y 三种元素。

4.4.2 层数对 PMMCs/Mg 力学性能的影响

不同层数 PMMCs/Mg 轧制后由表面到内部不同位置处的硬度值,如图 4-21

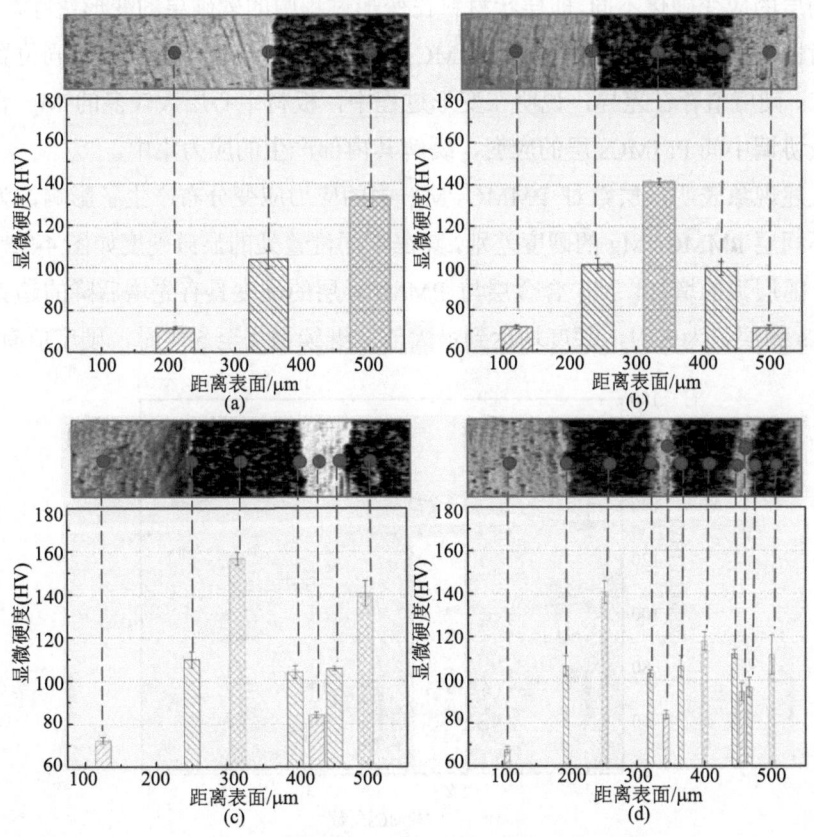

图 4-21 不同 PMMCs 层数 PMMCs/Mg 的显微硬度

(a)L_Ⅰ;(b)L_Ⅱ;(c)L_Ⅲ;(d)L_V

所示。可见，PMMCs/Mg 中 PMMCs 层的硬度明显高于 Mg 合金层。在 L$_I$、L$_{II}$、L$_{III}$ 层界面处的硬度值介于 Mg 合金层和 PMMCs 层之间，而在 L$_V$ 中外层 Mg 合金与 PMMCs 界面的硬度值与内层的 PMMCs 相差不大。通过对比图 4-21(a)、(b)、(c)、(d) 可知，随着 PMMCs 层数的增多，PMMCs 中的硬度变化较为明显。对于层数最多的 L$_V$，由于层厚度减小，其内层 Mg 合金与相邻 PMMCs 的硬度值差别减小。

对于不同层数 PMMCs/Mg 而言：在 PMMCs 层中，一方面，SiC$_p$ 和较细的 Mg$_{17}$Al$_{12}$ 存在使位错运动受阻，另一方面，因 SiC$_p$ 与 Mg 基体的热膨胀系数不同，热变形后的冷却过程中，颗粒周围产生大量的热错配位错，显著提高了硬度；在 Mg 合金层中，由于第二相含量低于 PMMCs 层，且晶粒尺寸较大，使得硬度低于 PMMCs 层。此外，不同层数 PMMCs/Mg 在变形过程中应力应变状态不同，使得不同层的应变硬化不同，即层状材料在变形过程中的软硬层的变形量存在差异。

对比 L$_I$、L$_{II}$ 和 L$_V$ 最内层的 PMMCs 的硬度值，可以观察到，相同位置处，PMMCs 硬度值存在差异，说明在变形过程中，板材中心层数较多的 Mg 合金可以有效协调中间 PMMCs 层的应变，缓解其内部产生的应力集中。

上述现象表明，层数对 PMMCs/Mg 中的应力应变分布产生了影响，为清晰对比不同层 PMMCs/Mg 的硬度差别，其在不同位置处的显微硬度如图 4-22 所示。可见，随层数的增加，Mg 合金层与 PMMCs 层的硬度具有先增后降的趋势，当 PMMCs 的层数为 3 时，硬度均达到最大值，继续增加至 5 层时，硬度值有所下

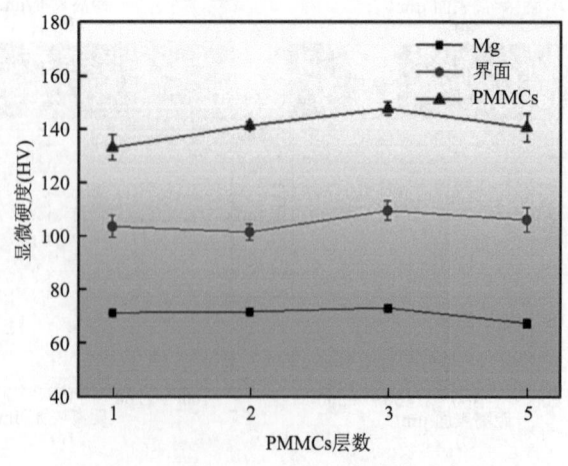

图 4-22 不同层数 PMMCs/Mg 不同位置的显微硬度

降。界面处的硬度值和 Mg 合金层、PMMCs 层变化趋势相同。但是，当 PMMCs 层数从 1 层增加为 2 层时，界面处的硬度值有一个略有下降的趋势。这是因为当 PMMCs 层数为 2 时，中间层为 Mg 合金，相比单层 PMMCs，板材在轧制过程中更容易变形，由此在界面处的应力集中较小，故硬度值有所降低。对于更多 PMMCs 层的 PMMCs/Mg 而言，Mg 合金层与 PMMCs 界面更靠近板材表面，轧制过程中承受应变更多，硬度有所上升。由图 4-22 可知，当 PMMCs 层数由 3 层增加至 5 层时，PMMCs/Mg 的硬度值有所下降，这说明 PMMCs 层数的增加可以使 PMMCs/Mg 中的加工硬化更加均匀，各层在轧制过程中应力集中程度减小，各层硬度相比 3 层有所降低。

图 4-23 为不同 PMMCs 层数的 PMMCs/Mg 退火后的力学性能。PMMCs/Mg 的工程应力和应变曲线，如图 4-23(a) 所示，其对应的 YS、UTS、EL 如图 4-23(b) 所示。随着层数的增加，UTS 呈单调递增，而伸长率表现出先减小后增大的趋势。PMMCs 层数从 1 增加到 2 时，伸长率从 2.5%减少至 1.6%，当 PMMCs 层数增加至 5 层时，伸长率增加至 4.3%。

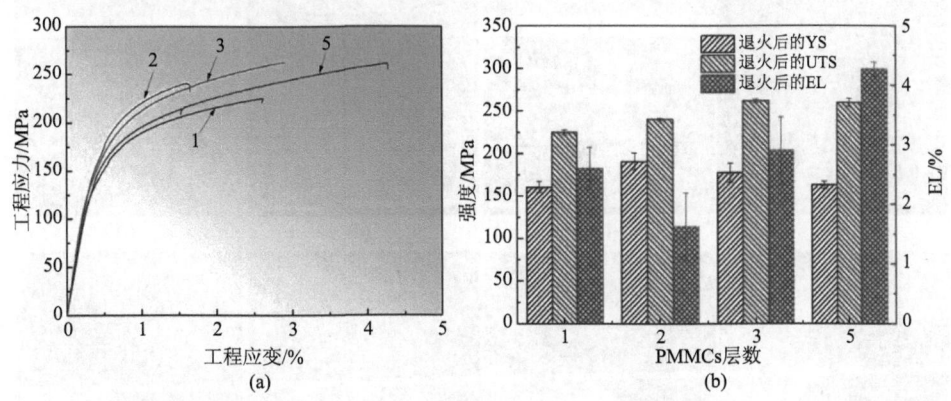

图 4-23 不同 PMMCs 层数 PMMCs/Mg 的室温拉伸性能

上述结果表明，PMMCs 层数的变化，对 PMMCs/Mg 的力学性能产生了显著的影响。如图 4-20 所示，PMMCs/Mg 经退火后各层中细小第二相溶入基体，析出相对强度的影响不大。影响 PMMCs/Mg 强度的因素可归因于以下两个方面：一方面，由于 PMMCs 层数不同导致 PMMCs/Mg 中 PMMCs 含量有所不同；另一方面，PMMCs/Mg 内因层界面增加，变形过程中界面处产生背应力强化导致各层应变分布更为均匀。相比于含有单层 PMMCs 的 PMMCs/Mg，2 层 PMMCs 的

PMMCs/Mg 中 PMMCs 总量要多约 46%，伴随着 PMMCs 含量的增加，在拉伸过程中 SiC$_p$ 对位错的阻碍作用增加，位错可动性减弱，使强度升高，伸长率下降。当 PMMCs 层数由 2 层继续增加到 5 层时，虽然 PMMCs 的含量变化不明显，但 Mg 合金层和 PMMCs 层间界面数量显著增加，致使 PMMCs/Mg 的 UTS 和伸长率均有所提高。

不同层数 PMMCs/Mg 的侧面拉伸断口形貌如图 4-24 所示。由图 4-24(a)、(d)、(g)、(j) 可知，最外层合金的变形程度较强，尤其是 L$_V$ 断口处的最外层 Mg 合金，其塑性变形较为明显。通过局部放大图可以观察到，当层数增加时，断口附近分布着贯穿整个 PMMCs 层的微裂纹，如图 4-24(f)、(g)、(k) 所示。这些微裂纹的共同特征为在界面处扩展受阻，这意味着微裂纹受到 Mg 合金层的抑制。

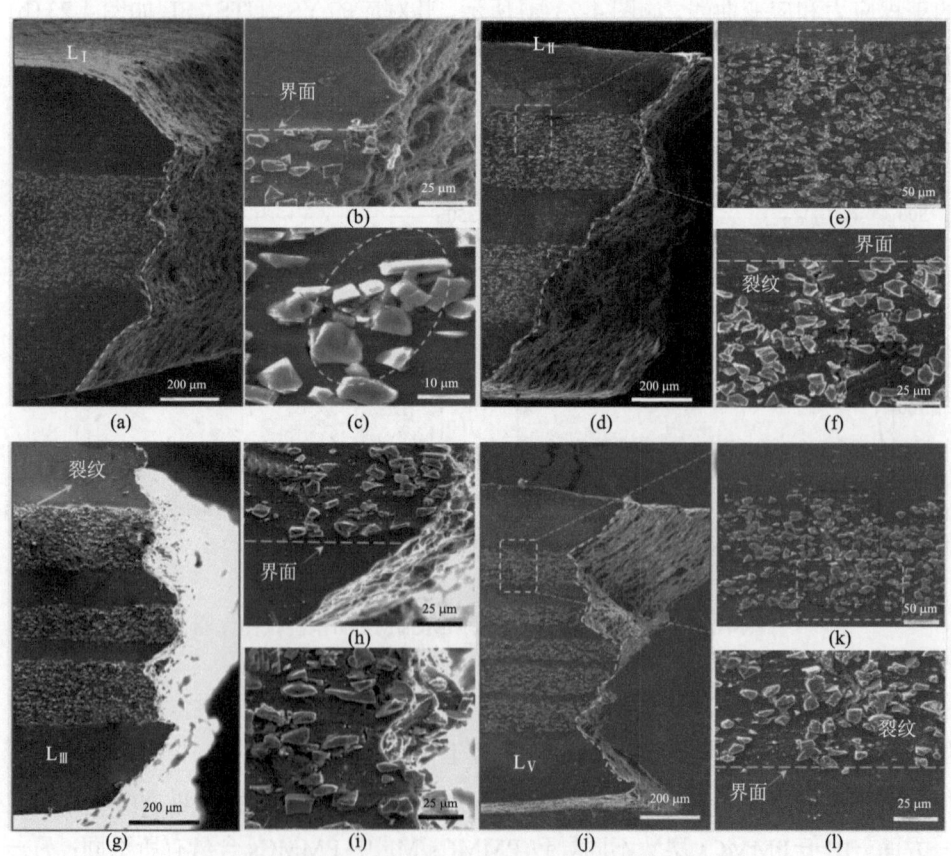

图 4-24 不同 PMMCs 层数 PMMCs/Mg 断裂形貌 SEM 组织
(a)、(b)、(c)L$_Ⅰ$；(d)、(e)、(f)L$_Ⅱ$；(g)、(h)、(i)L$_Ⅲ$；(j)、(k)、(l)L$_V$

区别于单一PMMCs，PMMCs/Mg对裂纹有较高的容忍性，层状结构的引入，能通过二次裂纹的产生来释放能量。此外，远离断口处的区域也能容纳更多的裂纹。由于在Mg合金层中未观察到微裂纹的存在，并且PMMCs层中已经发生了局部的断裂，PMMCs中主裂纹的进一步扩展和局部的断裂是引起层状材料断裂的主要原因。对比L_{II}与L_V，当PMMCs层数增加时，断口主裂纹的扩展轨迹越来越曲折，可见，PMMCs/Mg较好的韧性源于其层状结构的增韧效应。

图4-25为不同PMMCs层数PMMCs/Mg正面断裂形貌SEM组织，图4-25(a)、(b)、(d)、(e)可以观察到不同层数PMMCs的断口凹凸有致，在所有PMMCs/Mg中，均未发现明显的分层现象，说明界面结合良好。

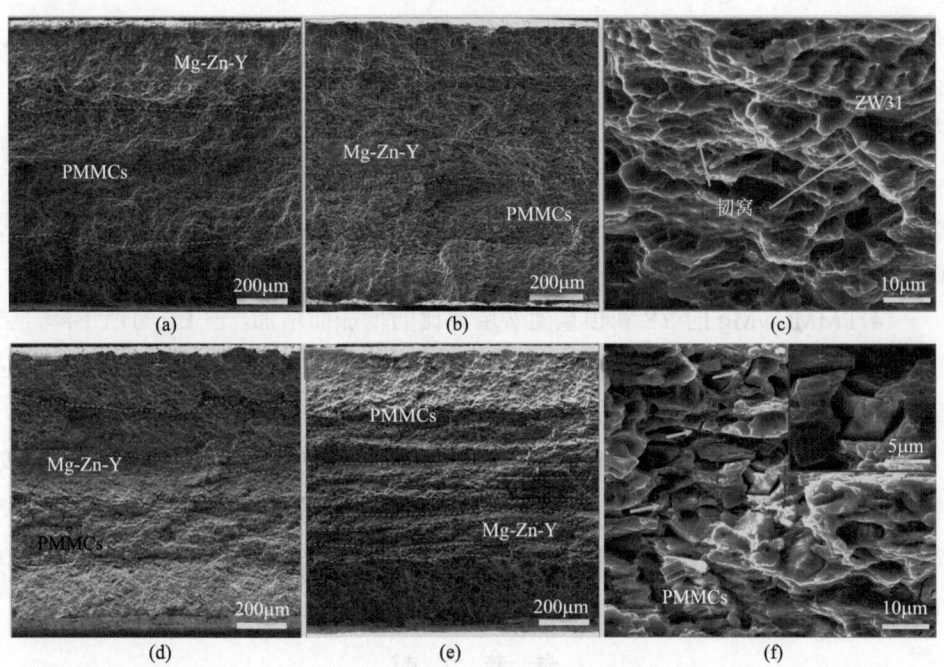

图4-25 不同PMMCs层数PMMCs/Mg正面断口形貌SEM组织

在变形过程中，不同层之间有很好的变形协调性。与PMMCs层相比，Mg合金层在塑性变形过程中不易引起应力集中及微裂纹的萌生。由图4-25(c)可知，Mg合金层内韧窝数量较多，意味着其在变形过程中承担了较大的塑性变形。而在PMMCs中，存在较多的微裂纹和SiC_p界面脱粘现象，如图4-25(f)中箭头所示。根据项目前期研究可知，层厚比影响二次裂纹集中的位置。然而，随着层数的增加，在 PMMCs 中二次裂纹的数量增多。

4.5 小 结

(1) Mg 合金层的存在可以改善 PMMCs 的轧制成形性，随着层厚比的增加，PMMCs/Mg 中合金层的厚度减小，PMMCs 层的厚度增加，PMMC 层附近的晶粒明显细化。随着 PMMCs 层数的增加，PMMCs/Mg 中 PMMCs 层的分布更加均匀。

(2) PMMCs/Mg 层厚比低时 C_{outer} 的硬度高于 C_{inner} 的硬度，层厚比增加到3.5，PMMCs 内外层硬度值差异减小。与 PMMCs 层不同，在所有 PMMCs/Mg 中，A_{outer} 层的硬度均低于 A_{inner} 层的硬度，随着层厚比的增加，外层的硬度变化不大，但内层的硬度明显增加。

(3) 随着 PMMCs 层数的变化，PMMCs/Mg 中不同层的硬度变化趋势保持一致，且硬度呈现先增加后减小的趋势。随层数增加，PMMCs/Mg 在变形过程中的软、硬层的变形协调更加明显。

(4) PMMCs/Mg 的 YS 和模量随着层厚比的增加而增加，但 EL 有所下降。层厚比低时，微裂纹主要在 PMMCs 层中萌生和扩展。层厚比增加到3.5，微裂纹主要在 Mg 合金层和 PMMCs 层之间的界面处萌生和扩展。

(5) PMMCs/Mg 的 UTS 和 EL 随着层数的增加而增加。层数较低时，微裂纹主要在 PMMCs 层中萌生和扩展。随着 PMMCs 层数增加到5层，因层界面对裂纹尖端的钝化作用，在 PMMCs 中产生更多的二次裂纹，有效缓解了局部应力集中。

参 考 文 献

[1] Cepeda-Jimenez C M, Garcia-Infanta J M, Pozuelo M, et al. Impact toughness improvement of high-strength aluminum alloy by intrinsic and extrinsic fracture mechanisms via hot roll bonding [J]. Scripta Mater, 2009, 61: 407-410.

[2] Liu H S, Zhang B, Zhang G P. Enhanced toughness and fatigue strength of cold roll bonded Cu/Cu laminated composites with mechanical contrast [J]. Scripta Mater, 2011, 65: 891-894.

[3] Lhuissier P, Inoue J, Koseki T. Strain field in a brittle/ductile multilayered steel composite [J]. Scripta Mater, 2011, 64: 970-973.

[4] Gao H J, Ji B H, Jäger I L, et al. Materials become insensitive to flaws at nanoscale: Lessons from nature [J]. Proc Natl Acad Sci, 2003, 100: 5597-5600.
[5] Huang M, Xu C, Fan G H, et al. Role of layered structure in ductility improvement of layered Ti/Al metal composite [J]. Acta Mater, 2018, 153: 235-249.
[6] Wu H, Fan G H, Huang M, et al. Deformation behavior of brittle/ductile multilayered composites under interface constraint effect [J]. Int J Plasticity, 2017, 89: 96-109.

第 5 章　碳化硅增强镁基层状材料层结构形成规律

5.1　引　言

第 4 章,利用软质 Mg 合金对轧制过程中应力的分配作用,实现了 PMMCs/Mg 层状材料的轧制成形,发现层结构参数对其组织与力学性能有重要影响,因此认识 PMMCs/Mg 层状材料层结构形成规律是实现其组织与力学性能有效调控的前提。

通过研究 PMMCs/Mg 层状材料在轧制成形 PMMCs 层和 Mg 合金层的厚度变化,发现:轧制开始时,Mg 合金层厚度减小量较大,而 PMMCs 层厚度减小量较小;随轧制的进行,Mg 合金层厚度变化减小,而 PMMCs 层的厚度减小量反而增大,当轧制变形量由 30%增加至 50%时,Mg 合金层厚度减小量几乎不变,但 PMMCs 层厚度减小量高达约 19%。可见,PMMCs/Mg 在轧制成形中并非"软质" Mg 合金层一直担任协调变形的"主角",硬质 PMMCs 对轧制成形的协调作用不可忽视。然而,关于 Mg 合金与 PMMCs 在轧制成形过程中的层结构形成规律等问题尚不明晰。

为此,本章将在前期研究的基础上,开发出宽幅面 PMMCs/Mg 层状材料,分析其在成形过程中的层界面演变规律,研究层结构参数对 PMMCs/Mg 层界面形成的作用机制。

5.2　宽幅面 PMMCs/Mg 的制备

本章采用体积分数为 10%的 SiC_p/AZ91 复合材料和 AZ31 镁合金制备不同层结构参数的层状 PMMCs/Mg,具体制备流程如图 5-1 所示。为研究层结构参数对其碳化硅增强镁基层状材料层结构形成规律、强化行为和断裂行为的影响,本章设计并制备了两类层状 PMMCs/Mg 体系。

(1) 等层厚比不同层数 PMMCs/Mg 层状材料。在保证内部 PMMCs 层和 Mg 层合金层厚度相同的情况下,通过改变单层的厚度设计了三种不同层数的

PMMCs/Mg 层状材料。依据内层 PMMCs 层和 Mg 合金层的总层数,将 PMMCs/Mg 依次命名为 L_5、L_{11} 和 L_{23}。相关设计参数如表 5-1 所示。

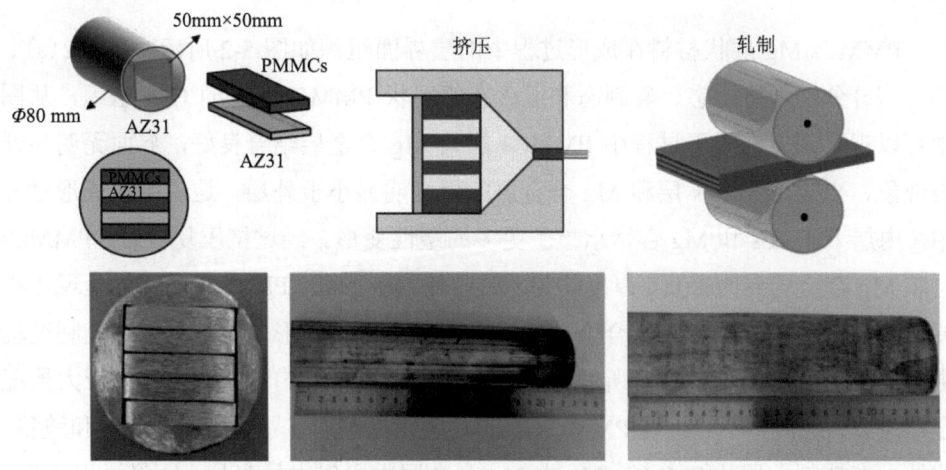

图 5-1 层状 PMMCs/Mg 的制备工艺流程

表 5-1 等层厚比不同层数 PMMCs/Mg 设计

材料	层厚比 PMMCs：AZ31	初始厚度/mm PMMCs-AZ31	层数
L_5	1∶1	10-10	5
L_{11}	1∶1	4.55-4.55	11
L_{25}	1∶1	2.17-2.17	23

(2) 等层数不同层厚比 PMMCs/Mg 层状材料。在保证内部 PMMCs 和 Mg 合金总层数为 11 层的情况下,通过改变内层 PMMCs 和 Mg 合金的层厚比设计了三种不同层厚比的 PMMCs/Mg 层状材料。依据内层 PMMCs 和 Mg 合金的层厚比,将 PMMCs/Mg 依次命名为 L_{1-1}、L_{2-1} 和 L_{3-1},设计参数如表 5-2 所示。

表 5-2 等层数不同层厚比 PMMCs/Mg 设计

材料	层厚比 PMMCs：AZ31	初始厚度/mm PMMCs-AZ31	层数
L_{1-1}	1∶1	4.55-4.55	11
L_{2-1}	2∶1	5.88-2.94	11
L_{3-1}	3∶1	6.54-2.17	11

5.3 PMMCs/Mg 的层界面形成规律

PMMCs/Mg 层状材料在成形过程中的层界面组织如图 5-2 所示。图 5-2(a)、(b)、(c)分别为挤压态、轧制态和退火态的层状 PMMCs/Mg 的 OM 组织,从图中可以观察到,在成形过程中 PMMCs 层与 Mg 合金层结合良好,界面无明显开裂现象,内层 PMMCs 层和 Mg 合金层的厚度明显小于外层,这说明在成形过程中,内层 PMMCs 和 Mg 合金承担了更多的塑性变形。经过挤压复合后,PMMCs 层和 Mg 合金层界面平直、厚度均匀。经过轧制变形后,PMMCs 层明显呈现"哑铃状",PMMCs 层与 Mg 合金层的层界面也出现波纹形,这是由于在轧制过程中,各层的轧制变形抗力有所差异,导致各层变形不均匀,不同位置的应力情况存在差异,因此,不同位置 PMMCs 层的厚度明显不同,界面处出现波峰和波谷。此外,在轧制态层状 PMMCs/Mg 中 Mg 合金层内出现大量孪晶,而经过退火后,合金层发生完全再结晶,层内的孪晶完全消失,取而代之的是退火后的再结晶晶粒。

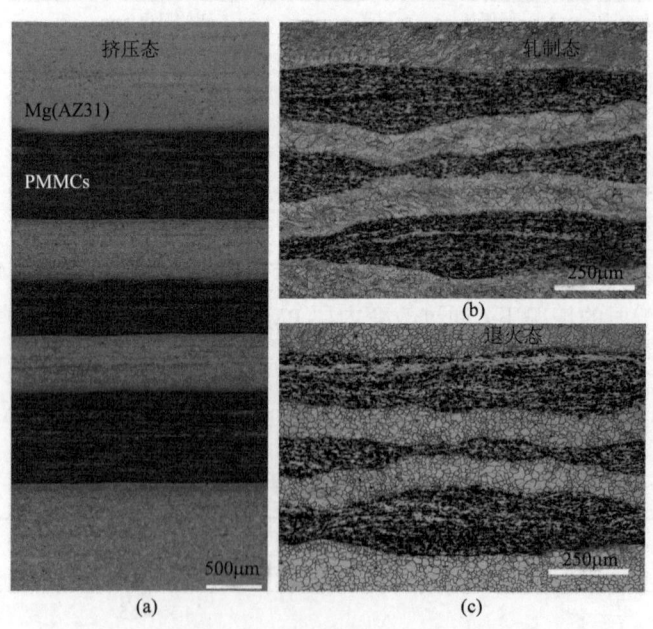

图 5-2 PMMCs/Mg 层状材料的层界面组织
(a)挤压态;(b)轧制态;(c)退火态

5.3.1 层数对 PMMCs/Mg 层界面的影响

图 5-3 为退火后不同层数 PMMCs/Mg 的宏观 OM 组织，从图中可以看到，PMMCs 层与 Mg 合金层结合良好，未出现明显的宏观裂纹，PMMCs 层厚度不均匀，层界面呈现明显的波纹形。

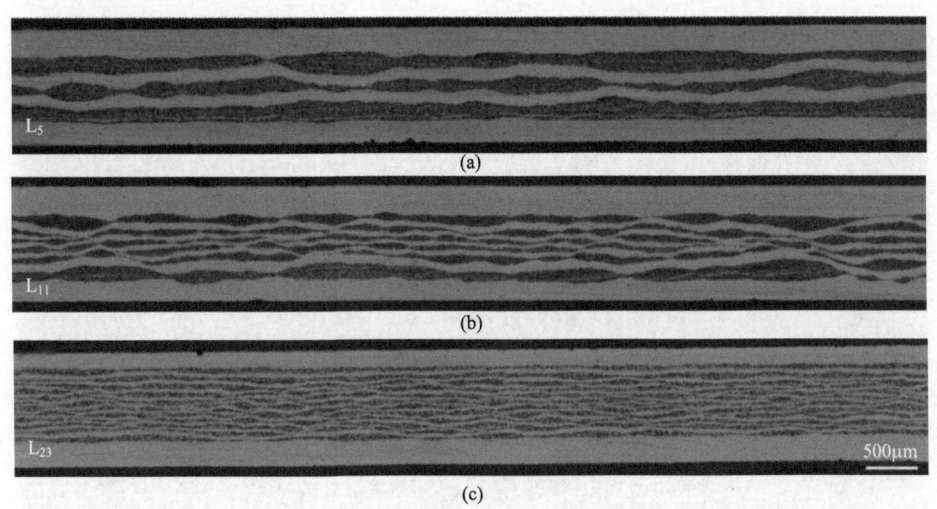

图 5-3 不同层数 PMMCs/Mg 的宏观 OM 组织
(a) L$_5$; (b) L$_{11}$; (c) L$_{23}$

图 5-4 为退火后不同层数 PMMCs/Mg 层界面的 OM 组织图，其中图 5-4(a)、(b)、(c) 分别为 L$_5$、L$_{11}$、L$_{23}$ 的层界面 OM 组织，图 5-4(d)、(e)、(f) 为图 5-4(a)、(b)、(c) 中红色框线区域的放大图。从图中可以得知，所有 PMMCs/Mg 都呈现出波纹形的层界面，但是，层界面的波纹程度随层数的变化存在明显差异。当层数为 5 层时，层界面出现明显的波纹形，PMMCs 层与 Mg 合金层分层明显。当层数增加到 11 层时，层界面的波纹形加剧，甚至在局部区域出现 PMMCs 被轧断的现象，如图 5-4(e) 所示。当层数增加到 23 层时，层界面波纹程度减弱，相对平直，未出现明显 PMMCs 层断裂现象。

波纹层界面主要取决于以下两个方面：一是 PMMCs 层的厚度，PMMCs 层作为硬质层不易发生塑性变形，厚度增加可提高 PMMCs 层在轧制变形过程中的变形抗力，抵抗剪切变形。二是 Mg 合金层的协调变形作用，合金层的存在能够通过层界面转移 PMMCs 层的应力集中，通过协调变形的方式分担 PMMCs 层的应力。当层数从 5 层增加到 11 层时，PMMCs 层厚度大幅降低，抵抗轧制变形的能力减弱，因此，层界面的波纹程度明显加剧，甚至出现 PMMCs 层被轧断的现象。当层数继续增加到 23 层时，虽然 PMMCs 层的厚度继续降低，但 Mg 合金层数量和含量的提高能够有效缓解 PMMCs 层的应力集中，通过协调变形的方式与 PMMCs 层共同发生均匀变形，因此，23 层 PMMCs/Mg 具有较平直的层界面。

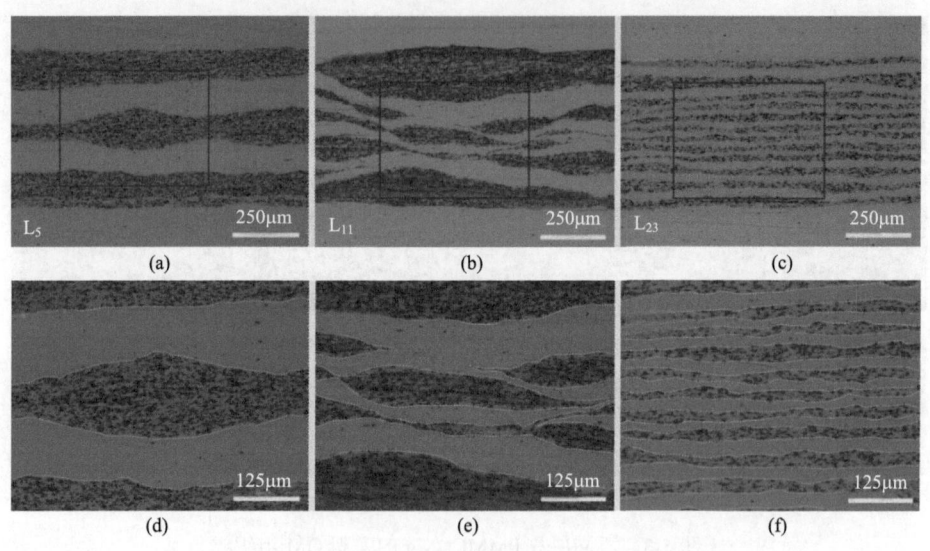

图 5-4　不同层数 PMMCs/Mg 层界面 OM 组织
(a)(d) L₅；(b)(e) L₁₁；(c)(f) L₂₃

为揭示 PMMCs 层与 Mg 合金层在轧制变形过程中协同行为，对内层 Mg 合金层与 PMMCs 层的平均厚度进行了统计，统计结果如图 5-5 所示，图 5-5(a)、(b)、(c) 分别为 5 层、11 层、23 层 PMMCs/Mg 的各层平均厚度统计结果。对于所有 PMMCs/Mg 而言，PMMCs 层的厚度明显大于 Mg 合金层的厚度，说明在轧制变形过程中，PMMCs 层的轧制抗力较高，产生的塑性应变较少。Mg 合金层能够通过层界面有效分担 PMMCs 层的应力应变，产生更大的塑性变形。此外，从图 5-5 中可得知 PMMCs 层和 Mg 合金层在 ND 方向的平均厚度变化，对所有层状 PMMCs/Mg 而言，无论是 PMMCs 层还是 Mg 合金层，其厚度在 ND 方向从边缘到心部都呈现出不断减小的趋势。这说明在轧制成形过程中，靠近心部位置的 PMMCs 层和 Mg 合金层承担了更多的塑性变形。此外，当层数从 11 层增加到 23 层时，各层 PMMCs 层和合金层从边缘到心部的厚度差异变小，这说明层数的增加可以通过合金层的协调变形有效缓解 PMMCs 层在轧制变形过程中的应力集中，实现 PMMCs/Mg 更为均匀的轧制成形。

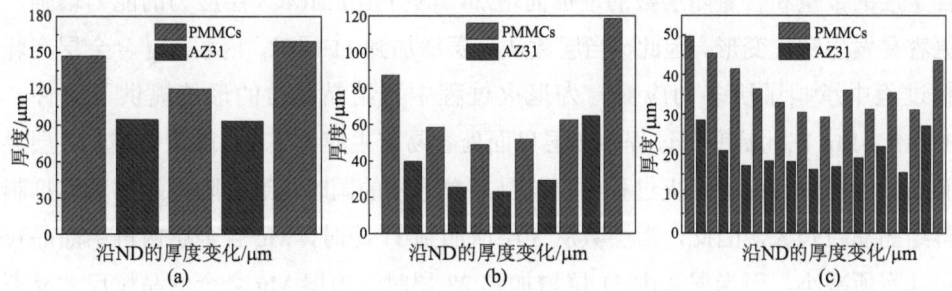

图 5-5　不同层数 PMMCs/Mg 的平均厚度统计
(a) L_5；(b) L_{11}；(c) L_{23}

图 5-6 为不同层数 PMMCs/Mg 中 Mg 合金层的 OM 组织及晶粒尺寸分布的统计结果。图 5-6(a)、(b)、(c)分别为 L_5、L_{11} 和 L_{23} 内层 Mg 合金层的 OM 组织，图 5-6(d)、(e)、(f)为 L_5、L_{11} 和 L_{23} 内层 Mg 合金层晶粒尺寸的统计结果。从图中可以得知，所有 PMMCs/Mg 内层 Mg 合金均发生了完全再结晶，再结晶晶粒的尺寸与层数有关。

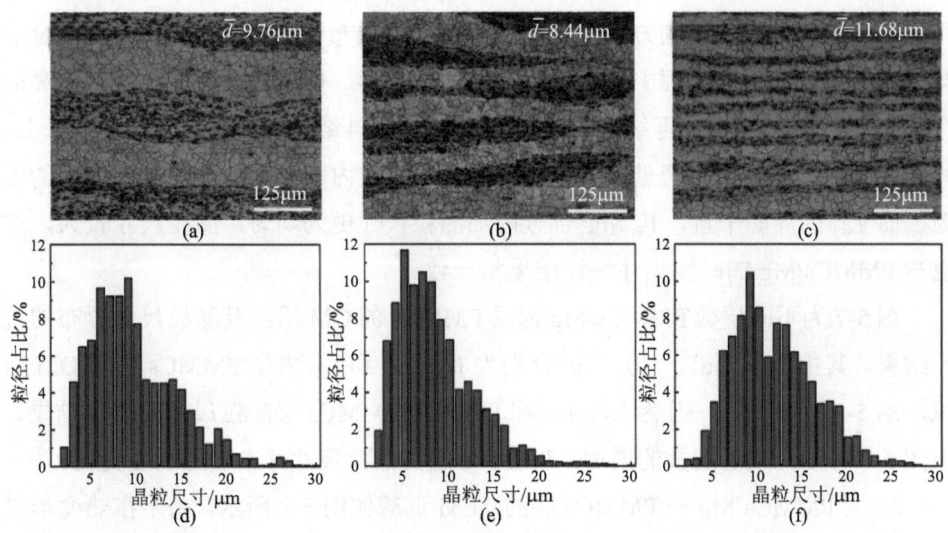

图 5-6　不同层数 PMMCs/Mg 内层 Mg 合金层 OM 组织及晶粒尺寸分布
(a)、(d) L_5；(b)、(e) L_{11}；(c)、(f) L_{23}

随着层数从 5 层增加到 11 层，晶粒尺寸减小，这是由于层数增加导致 PMMCs 层厚度减小，PMMCs 层抵抗轧制变形的能力减弱，更容易产生应力集中，而 Mg 合金层的数量和含量随层数的增加而增加，其分担 PMMCs 层应力的能力增强，更容易发生塑性变形。因此，当层数从 5 层增加到 11 层时，内层 Mg 合金层在轧制过程中承担了更多的应变，为退火过程中再结晶晶粒的形核提供了条件。PMMCs/Mg 在轧制变形过程中在层界面处容易产生应力集中，随层数增加，层界面的数量增加，促进退火过程中再结晶晶粒形核的同时可通过阻碍晶界迁移抑制再结晶晶粒长大，因此，当层数从 5 层增加到 11 层时，Mg 合金层内再结晶晶粒尺寸有所减小。而当层数由 11 层增加到 23 层时，内层 Mg 合金的晶粒尺寸显著增大。随着层数的增加，PMMCs 层的厚度明显减小，PMMCs 层抵抗变形的能力变弱，更容易发生塑性变形。在轧制变形过程中，Mg 合金层可通过层界面传递应力，缓解相邻 PMMCs 层的应力集中。而 Mg 合金层的数量和含量随层数的增加而显著增加，PMMCs 含量的降低、Mg 合金含量增加会导致 PMMCs/Mg 应力水平下降，Mg 合金层内的存储能降低，在变形过程中产生的位错数量减少，再结晶形核的驱动力降低。因此，在退火过程中，L_{23} 的 Mg 合金层内再结晶数量减少，晶粒发生长大。

此外，Mg 合金层再结晶晶粒尺寸与层界面的波纹程度也有一定关系，波纹界面的形成会导致沿轧制方向合金层的厚度出现分布不均匀的现象，Mg 合金层厚度低的区域在变形过程中会发生更大的塑性变形，位错数量增加，具有更高的存储能，为退火过程中再结晶形核提供条件，对再结晶晶粒产生细化作用。L_{11} 的层界面波纹程度最为严重，这也是其 Mg 合金层内部界面处出现大量细晶的原因，而 L_{23} 的界面平直，其 Mg 合金内部晶粒尺寸更为均匀，晶粒尺寸较大，这也与 PMMCs/Mg 的晶粒尺寸统计结果相一致。

图 5-7 为不同层数 PMMCs/Mg 内层 PMMCs 的 OM 组织及晶粒尺寸分布的统计结果。其中图 5-7(a)、(b)、(c)分别为 L_5、L_{11} 和 L_{23} 内层 PMMCs 层的 OM 组织，图 5-7(d)、(e)、(f) 为 L_5、L_{11} 和 L_{23} 内层 PMMCs 层晶粒尺寸的统计结果。由图 5-7 可知，随着层数的增加，PMMCs 层的晶粒尺寸并未发生明显变化。

23 层 PMMCs/Mg 中 PMMCs 层的 TEM 形貌如图 5-8 所示，由于在热变形过程中颗粒与基体变形不协调，颗粒附近极易产生应力集中，为位错的产生和增殖创造了条件，SiC_p 周围存在的高密度位错对退火过程中再结晶晶粒的形核具有促进作用，此外，SiC_p 还可通过钉扎晶界阻碍晶粒长大，从而导致 PMMCs 层内基体晶粒尺寸细小。

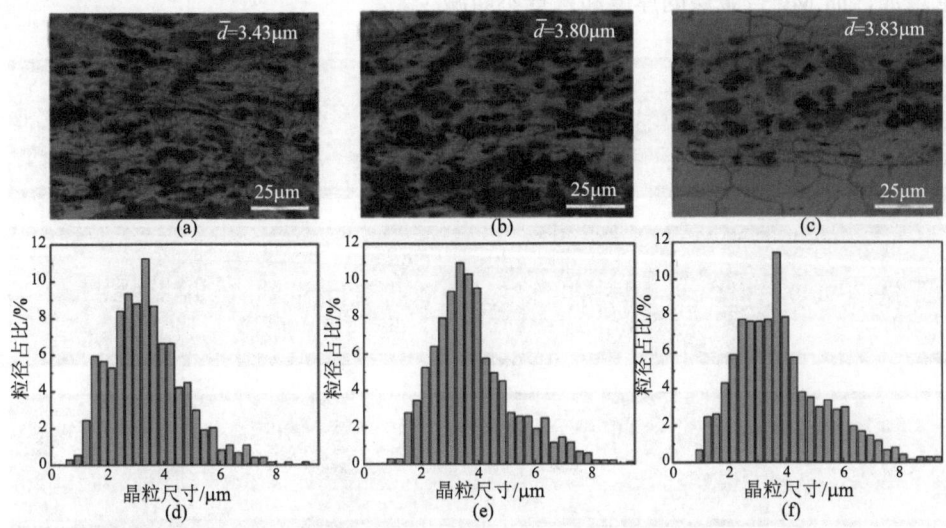

图 5-7 不同层数 PMMCs/Mg 内层 PMMCs 层 OM 组织及晶粒尺寸分布
(a)、(d) L_5；(b)、(e) L_{11}；(c)、(f) L_{23}

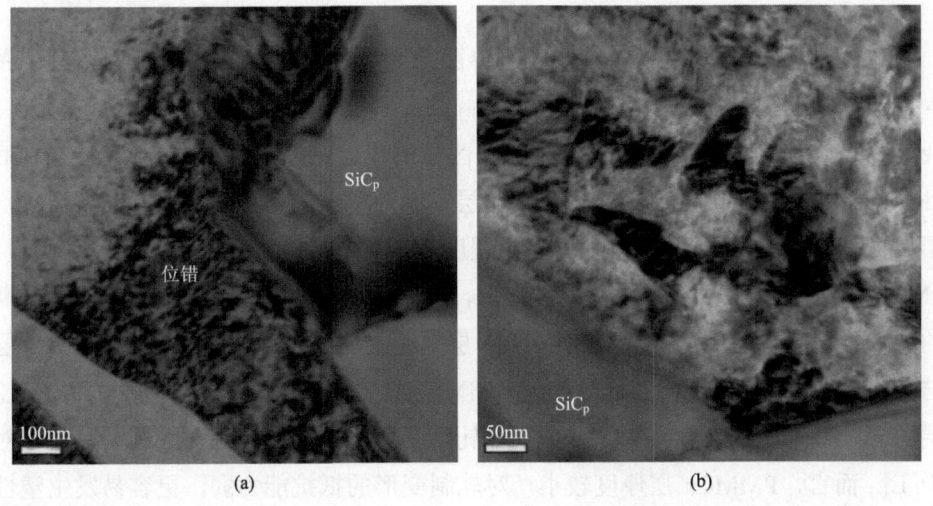

图 5-8 23 层 PMMCs/Mg 中 PMMCs 层的 TEM 形貌

5.3.2 层厚比对 PMMCs/Mg 层界面的影响

图 5-9 为不同层厚比 PMMCs/Mg 的宏观组织，从图中可以得知，层厚比的增加并未对 PMMCs/Mg 的轧制成形性产生明显影响，PMMCs 层与 Mg 合金层结合

良好，所有 PMMCs/Mg 中均出现波纹层界面。随层厚比增加，PMMCs 厚度和含量增加，而 Mg 合金层的厚度和含量不断减少。

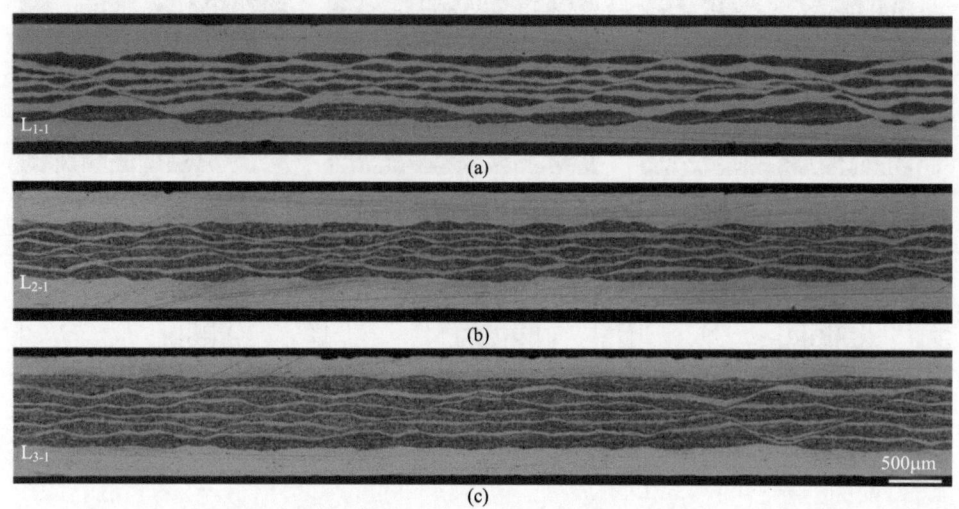

图 5-9 不同层厚比 PMMCs/Mg 宏观 OM 组织
(a) L_{1-1}；(b) L_{2-1}；(c) L_{3-1}

退火后不同层厚比 PMMCs/Mg 层界面的 OM 组织，如图 5-10 所示，其中图 5-10(a)、(b)、(c)分别为 L_{1-1}、L_{2-1}、L_{3-1} 的层界面 OM 组织，图 5-10(c)、(d)、(e)为图 5-10(a)、(b)、(c)中红色框线区域的放大图。PMMCs/Mg 经过轧制后 PMMCs 层与 Mg 合金层结合良好，随层厚比的增加并未出现明显的宏观裂纹，层界面均呈现波纹形。层界面的波纹程度与层厚比有关，层厚比为 1∶1 时，PMMCs/Mg 层界面呈现出明显的波纹形，局部区域甚至出现了 PMMCs 层被轧断的现象。随着层厚比增加，PMMCs/Mg 层界面的波纹程度逐渐减轻，PMMCs 层与 Mg 合金层在 RD 方向变形更均匀。PMMCs/Mg 波纹界面的产生主要与 PMMCs 层的含量和 PMMCs 层与 Mg 合金层在轧制变形过程中的协调变形行为有关。对于 L_{1-1} 而言，PMMCs 层厚度较小，对轧制变形的抵抗能力弱，更容易发生塑性变形，波纹形界面一旦出现会迅速产生应力集中，加剧层界面的波纹程度。随层厚比的增加，PMMCs 层厚度显著提高，PMMCs 层的轧制抗力明显增强，不易产生塑性变形，而 PMMCs/Mg 的轧制变形主要依靠内层 Mg 合金的协调变形。因此，PMMCs/Mg 层界面的波纹程度随层厚比的增加明显得到了缓解。

第 5 章　碳化硅增强镁基层状材料层结构形成规律

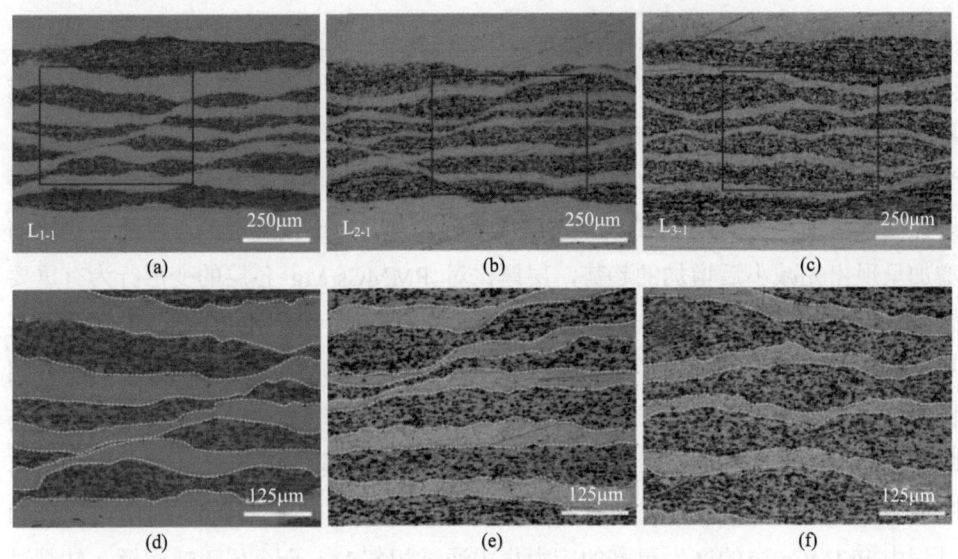

图 5-10　不同层厚比 PMMCs/Mg 层界面 OM 组织

(a)、(d) L$_{1-1}$；(b)、(e) L$_{2-1}$；(c)、(f) L$_{3-1}$

为了进一步研究层厚比对不同层厚比 PMMCs/Mg 波纹层界面形成的影响，揭示 PMMCs 层和 Mg 合金层在轧制过程中的变形行为，对不同层厚比 PMMCs/Mg 中 PMMCs 和内层 Mg 合金在 ND 方向的平均厚度进行了统计，统计结果如图 5-11 所示。所有 PMMCs/Mg 中 PMMCs 层的厚度都大于 Mg 合金层，PMMCs 层和 Mg 合金层厚度从边缘到心部都呈现递减的趋势。

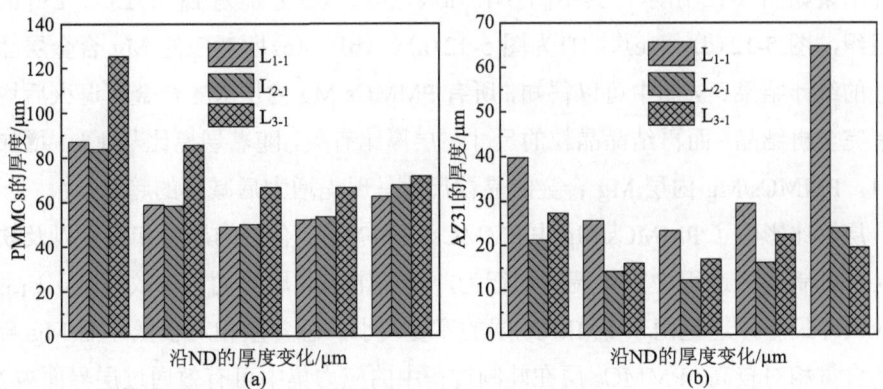

图 5-11　不同层厚比 PMMCs/Mg 平均厚度统计

(a) PMMCs 层；(b) Mg 合金层

与硬质 PMMCs 层相比，软质 Mg 合金层在轧制过程中更容易产生塑性变形，这是 PMMCs 层厚度远大于 Mg 合金层的原因，而对于层状 PMMCs/Mg 而言，越靠近心部各层的变形量越大，因此，PMMCs/Mg 从边缘到心部各层厚度不断降低。当层厚比从 1∶1 增加到 2∶1 时，PMMCs 层的厚度并未发生明显变化，随着层厚比继续增加到 3∶1，PMMCs 层厚度明显增加。Mg 合金层的厚度随层厚比的增加呈现出先减小后增加的趋势，层厚比对 PMMCs/Mg 各层的变形行为有重要影响。PMMCs 层的初始厚度随层厚比的增加而增加，而 Mg 合金层的初始厚度不断减小。由图 5-11 可知，L_{2-1} 的 PMMCs 层和内层 Mg 合金层与 L_{1-1} 和 L_{3-1} 相比在轧制过程中都发生了最大程度的变形。随层厚比增加，PMMCs 层增厚，其轧制抗力增加，PMMCs 层产生更高的应力水平。内层 Mg 合金随层厚比增加而变薄，其分担 PMMCs 的能力有所下降。当层厚比从 1∶1 增加到 2∶1 时，轧制过程中 PMMCs 层的产生更高的应力集中通过相邻 Mg 合金层迅速缓解，轧制过程中内层 Mg 合金厚度大幅下降，但 L_{2-1} 内层 Mg 合金初始厚度低，其承担应变的能力有限，PMMCs 层自身也会产生更多的塑性变形，最终 L_{2-1} 内 PMMCs 层的厚度与 L_{1-1} 相差不多。随层厚比从 2∶1 增加到 3∶1，PMMCs 厚度增加，轧制抗力显著提高，轧制后 L_{3-1} 内 PMMCs 层厚度高于 L_{2-1}。L_{3-1} 中 PMMCs 层厚增加，不易变形，层界面与 L_{2-1} 相比较平直，而 L_{2-1} 波纹层界面的存在导致内层 Mg 合金层产生很多薄区，致使 L_{2-1} 内层 Mg 合金平均厚度小于 L_{2-1}。

退火后不同层厚比层状 PMMCs/Mg 内层 Mg 合金 OM 组织和晶粒尺寸分布统计结果如图 5-12 所示，其中图 5-12(a)、(b)、(c) 分别为 L_{1-1}、L_{2-1}、L_{3-1} 的显微组织，图 5-12(d)、(e)、(f) 为图 5-12(a)、(b)、(c) 所对应的 Mg 合金层晶粒尺寸的统计结果。从图中可以得知，所有 PMMCs/Mg 内层 Mg 合金在退火后均发生了完全再结晶，而再结晶晶粒的尺寸与层厚比有关，随着层厚比从 1∶1 增加到 3∶1，PMMCs/Mg 内层 Mg 合金的晶粒尺寸呈现先增大后减小的趋势。

层厚比影响了 PMMCs/Mg 中 PMMCs 层和 Mg 合金层的厚度和含量以及软硬两层在轧制变形过程中的协调变形行为，进而影响其层界面的波纹程度。L_{1-1} 的晶粒尺寸最小，这是由于 PMMCs 层的厚度较小，总含量相对较低，而 Mg 合金层的含量相对较高，PMMCs 层在轧制过程中的应力集中可有效通过层界面被 Mg 合金层分担，在 Mg 合金层产生更多的应变，为退火过程中 Mg 合金层再结晶晶粒的形核提供了条件。此外，L_{1-1} 的 PMMCs 层厚度较低，对轧制变形的抵抗能力较弱，与 L_{2-1} 和 L_{3-1} 相比更容易发生变形，在轧制过程中，波纹界面逐渐形成

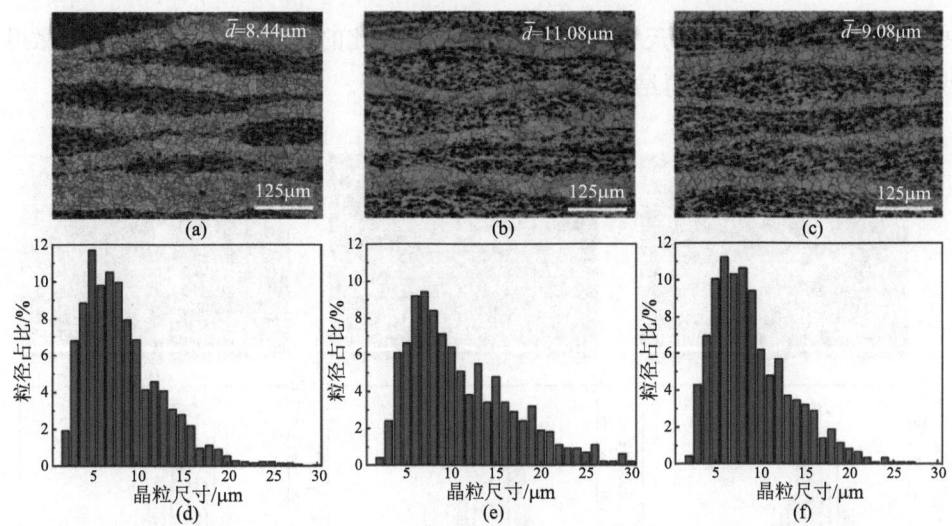

图 5-12 不同层厚比 PMMCs/Mg 内层 Mg 合金 OM 组织及晶粒尺寸分布

(a)、(d) L$_{1-1}$；(b)、(e) L$_{2-1}$；(c)、(f) L$_{3-1}$

并在剪切力的作用下加剧层界面的波纹程度，在 Mg 合金层内出现大量应变不均匀的区域，甚至局部区域出现 PMMCs 层被轧断的现象，这些高应变区存储能和位错密度较高，促进了退火过程中再结晶晶粒的形核，从而细化晶粒，在 Mg 合金层内出现细晶区。因此，L$_{1-1}$ 的内层合金层晶粒尺寸最小。

当层厚比增加到 2∶1，PMMCs 层的厚度增加，轧制抗力有所提高，在层界面的应力明显集中减小，层界面的波纹程度有所缓解。因此，与 L$_{1-1}$ 相比，L$_{2-1}$ 的细晶数量减少，Mg 合金层再结晶晶粒的平均尺寸有所增大。随着层厚比继续增加到 3∶1，PMMCs 层的厚度和含量显著提高，PMMCs 层抵抗轧制剪切力的能力明显增强，PMMCs 层不易发生变形，其层界面较为平直。PMMCs 层厚度和含量的增加使其在轧制过程中具有更高的应力水平，PMMCs 层的高应力通过层界面转移到 Mg 合金层，使其存储能增大，有利于后续退火过程中再结晶晶粒的形核，这也是层厚比从 2∶1 增加到 3∶1，内层 Mg 合金晶粒尺寸有所减小的原因。

图 5-13 为不同层厚比 PMMCs/Mg 内层 PMMCs 的 OM 组织和晶粒尺寸分布的统计结果。其中图 5-13(a)、(b)、(c)分别为 L$_{1-1}$、L$_{2-1}$、L$_{3-1}$ 的显微组织，图 5-13(d)、(e)、(f)为图 5-13(a)、(b)、(c)所对应的 PMMCs 层晶粒尺寸的统计结果。从图中可以得知，PMMCs 层存在大量的 SiC$_p$，由于 SiC$_p$ 对晶粒的细化作用，

PMMCs 层再结晶晶粒的尺寸明显变小。随着层厚比的增加，PMMCs 层的显微组织并未发生明显改变，再结晶晶粒尺寸也基本相同。

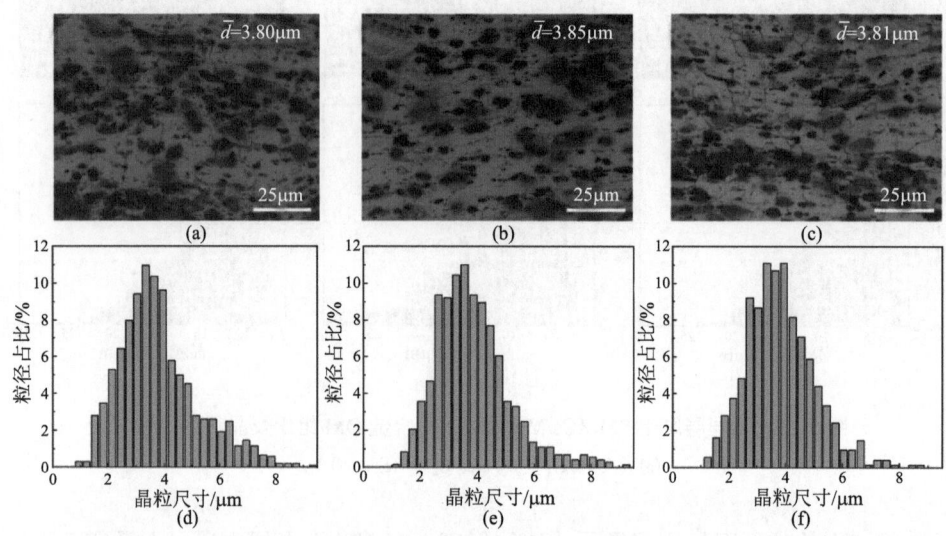

图 5-13　不同层厚比 PMMCs/Mg 内层 PMMCs 层 OM 组织及晶粒尺寸分布
(a)、(d) L_{1-1}；(b)、(e) L_{2-1}；(c)、(f) L_{3-1}

5.4　关于 PMMCs/Mg 的层界面形成规律的一点讨论

5.4.1　层数作用下 PMMCs/Mg 层界面的形成规律

PMMCs/Mg 挤压后的 PMMCs 层与 Mg 合金层的层界面平直，结合良好，无明显的开裂现象，而经过轧制后层界面出现了波纹形。说明 PMMCs/Mg 层界面的形态与各层在轧制过程中剪切力作用下的塑形变形有关。图 5-14 为不同层数层状 PMMCs/Mg 在退火后的 SEM 组织图，从图中可以发现，层数为 5 层时的 PMMCs/Mg 层界面出现了明显的波纹形，PMMCs 层出现了明显的厚区和薄区。当层数增加到 11 层时，层界面的波纹程度明显加剧，甚至在部分区域出现 PMMCs 层被轧断的现象。当层数增加到 23 层时，层界面的波纹程度明显缓解，PMMCs 层与 Mg 合金层均变得相对平直。

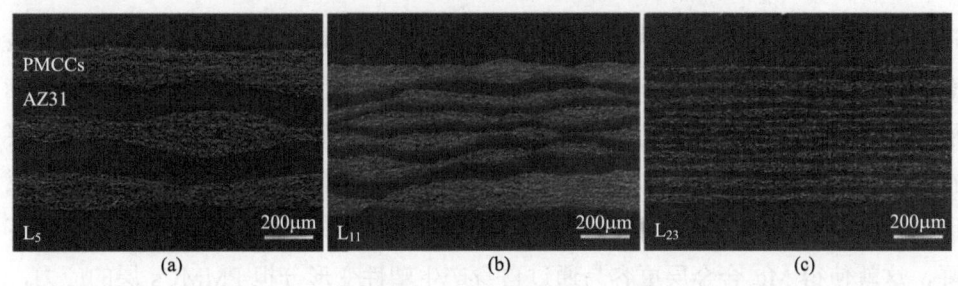

图 5-14 不同层数 PMMCs/Mg 退火后的 SEM 组织
(a) L₅; (b) L₁₁; (c) L₂₃

PMMCs/Mg 波纹层界面的形成主要与轧制过程中各层在剪切力作用下的塑形变形有关。Mg 合金层作为软质合金层，在轧制过程中的变形是均匀的。PMMCs 层由于 SiC$_p$ 的存在，在轧制成形的过程中容易发生应力集中。在剪切力的作用下，PMMCs 不同位置塑性变形的程度有所差别，PMMCs 层对轧制变形的抵抗能力与其厚度有关，PMMCs 层较厚的位置对剪切力的抵抗能力强，更难发生塑性变形，而 PMMCs 层较薄的位置对剪切力的抵抗能力弱，相对容易产生塑性变形。因此，PMMCs 层不同位置的应力状态有所差别，并且薄区在轧制过程中剪切力的作用下产生更多的应变，PMMCs 层不同位置的薄厚分区现象会更为严重，从而加剧了层界面的波纹程度。

当层状 PMMCs/Mg 的层数为 5 层时，此时 PMMCs 层的含量较高，而且 PMMCs 层的厚度很大，对于轧制过程中剪切力的抵抗作用较强，因此，其层界面虽然在热变形后出现了波纹形，但是层界面的波纹程度并不高。当层状 PMMCs/Mg 的层数增加到 11 层时，PMMCs 层的厚度迅速下降，含量也有所降低，这就导致了 11 层 PMMCs/Mg 中 PMMCs 层在轧制过程中对变形的抵抗能力减弱，其更容易在轧制过程中发生塑性变形，薄区和厚区一旦在 PMMCs 层中出现，在剪切力的作用下不同区域的变形不均匀性会迅速加剧，这就导致了 PMMCs 层的厚度不均匀，甚至局部区域出现被轧断的现象。

因此，当层状 PMMCs/Mg 的层数从 5 层增加到 11 层时，PMMCs 层出现了层界面波纹程度迅速加剧的现象。当 PMMCs/Mg 的层数增加到 23 层时，PMMCs 层的含量和厚度达到最低，这也意味着 PMMCs 层在轧制过程中对剪切力的抵抗能力变弱，但是在 23 层 PMMCs/Mg 中并未观察到 PMMCs 层出现变形不均匀和被轧断的现象。PMMCs 层在轧制过程中的塑形变形除了受到自身厚度的影响外，还与 Mg 合金层对应力集中的缓解作用有关。层数的增加使 PMMCs 层的厚度显著降低，虽然 PMMCs 层对轧制过程中剪切力的抵抗能力有所减弱，但是 PMMCs 层应力集中的程度随层数的增加有所下降。根据前期研究结果，软质 Mg 合金层在轧制过程中对 PMMCs 层应力的分担作用是 PMMCs/Mg 得以轧制成形的主要原因。Mg 合金层的含量随层数的增加有所提高，PMMCs 层的应力集中程度有所下降，这就使得 Mg 合金层更容易通过自身产生塑性变形分担 PMMCs 层的应力，缓解 PMMCs 层的应力集中，大幅度降低 PMMCs 层所承担的应力。此外，层数的增加使层界面的数量大幅增多，提高了 Mg 合金层通过层界面转移 PMMCs 层应力的效率。因此，当层状 PMMCs/Mg 的层数增加到 23 层时，PMMCs 层并未发生不均匀的塑性变形，层界面呈现平直的状态。

5.4.2 层厚比作用下 PMMCs/Mg 层界面的形成规律

图 5-15 为不同层厚比 PMMCs/Mg 退火后的 SEM 组织。从图中可以得知，随着层厚比的增加，PMMCs/Mg 层界面的波纹程度有所缓解，PMMCs 层在轧制过程中的塑性变形也变得均匀。PMMCs/Mg 层界面主要与两方面有关。一方面，PMMCs 层对轧制过程中的剪切力具有抵抗作用，PMMCs 层越厚，对剪切力的抵抗能力越强，PMMCs 越不容易发生不均匀变形，层界面的波纹程度越弱。另一方面，Mg 合金层的存在对 PMMCs 在轧制过程中的应力集中有缓解作用，Mg 合金层含量越高，其可通过自身产生应变分担 PMMCs 层应力的能力越强，PMMCs 层在轧制过程中所需要承担的应力和应变越少，PMMCs 层变形就越均匀，PMMCs/Mg 层界面越平直。

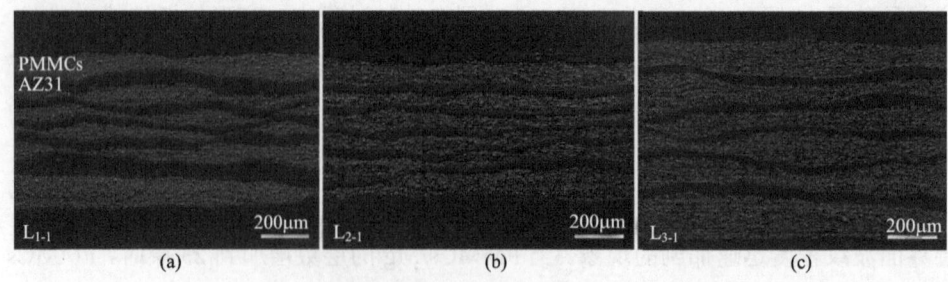

图 5-15 不同层厚比 PMMCs/Mg 退火后的 SEM 组织

(a) L$_{1-1}$；(b) L$_{2-1}$；(c) L$_{3-1}$

随着 PMMCs/Mg 中内层 PMMCs 层与 Mg 合金层的层厚比从 1∶1 增加到 3∶

1时，PMMCs 的含量明显提高，而 Mg 合金层的含量有所下降。虽然厚度的降低削弱了 Mg 合金层对 PMMCs 层中应力集中程度的缓解能力，但 PMMCs 层厚度的大幅增加可以增强 PMMCs 层抵抗变形的能力。因此，层厚比的增加使 PMMCs 层的变形抗力有所提高，导致 PMMCs 层在轧制过程中的塑性变形更均匀，层界面的波纹程度也会减弱，PMMCs/Mg 各层界面变得更加平直。

5.5 小　　结

(1) 与挤压复合相比，经轧制后 PMMCs 层与 Mg 层界面由平直状变成波纹状，Mg 合金层内出现大量轧制孪晶。退火后 Mg 合金层发生完全再结晶，孪晶消失，取而代之的是大尺寸再结晶晶粒。

(2) 随着层数的增加，层界面的波纹程度先是迅速加剧。随着层数继续增加，层界面的波纹程度有所缓解；由于 SiC_p 的促进形核和抑制晶界迁移作用，PMMCs 层的晶粒尺寸明显小于 Mg 合金层的晶粒尺寸；随层数增加，PMMCs 层晶粒尺寸未发生明显变化，而 Mg 合金层晶粒尺寸呈现出先减小后增大的趋势。

(3) 随着厚比的增加，层界面的波纹程度有所缓解；PMMCs 层晶粒尺寸随层厚比的增加未发生明显变化，Mg 合金层的晶粒尺寸呈现出先增大后减小的趋势。

第 6 章 碳化硅增强镁基层状材料的强化行为

6.1 引 言

第 5 章，在开发出宽幅面 PMMCs/Mg 层状材料的基础上，分析了其在成形过程中的层界面演变规律，研究层结构参数对 PMMCs/Mg 层界面形成的影响规律。研究结果发现，在成形过程中，PMMCs/Mg 会形成波纹形的层界面，而界面的波纹程度与其层结构参数有关。

为了进一步探究 PMMCs/Mg 层状材料的室温变形行为，明确层结构参数对其变形机制的影响，本章对不同层结构的 PMMCs/Mg 层状材料进行力学性能、应力松弛和循环完全卸载再加载实验，研究 PMMCs/Mg 层状材料在拉伸变形过程中的应变硬化行为、应力松弛过程中的软化行为以及完全卸载再加载行为。

6.2 宽幅面 PMMCs/Mg 的力学性能

6.2.1 不同层数宽幅面 PMMCs/Mg 的力学性能

为了探究层数对 PMMCs/Mg 力学性能的影响，分别对 L_5、L_{11} 和 L_{23} 进行了室温拉伸实验，其工程应力-应变曲线，如图 6-1(a)所示，图 6-1(b)为对应的抗拉强度(UTS)、屈服强度(YS)和伸长率(EL)。可见，层数对 PMMCs/Mg 的拉伸性能有明显影响，随着层数的增加，PMMCs/Mg 的 YS 逐渐降低，UTS 呈现出先略微提高随后降低的趋势，而其 EL 随层数的增加而显著提高。这是由于层数的增加导致 PMMCs 的含量下降，Mg 合金含量不断增加。因此，随层数的增加，PMMCs/Mg YS 不断下降，EL 逐渐升高。值得注意的是，当 PMMCs/Mg 的层数从 5 层增加到 23 层时，其 YS 和 UTS 仅分别降低了 29.2%和 5.2%，而 EL 提高了 162.1%，这说明高层数 PMMCs/Mg 具备更优异的强韧性。

图 6-2 为不同层数 PMMCs/Mg、PMMCs 和 Mg 合金的弯曲应力-应变曲线及对应的弯曲后试样的宏观照片。从图中可以得知，PMMCs 具有较高的抗弯强度，但其弯曲韧性极低，与之相比，合金的弯曲韧性很高，但其抗弯强度较低。与

PMMCs 和 Mg 合金相比，层状 PMMCs/Mg 表现出优异的抗弯强度和弯曲韧性。可见，将软质 Mg 合金层引入 PMMCs 制备成层状 PMMCs/Mg 是实现弯曲强度和韧性良好匹配的有效方法。

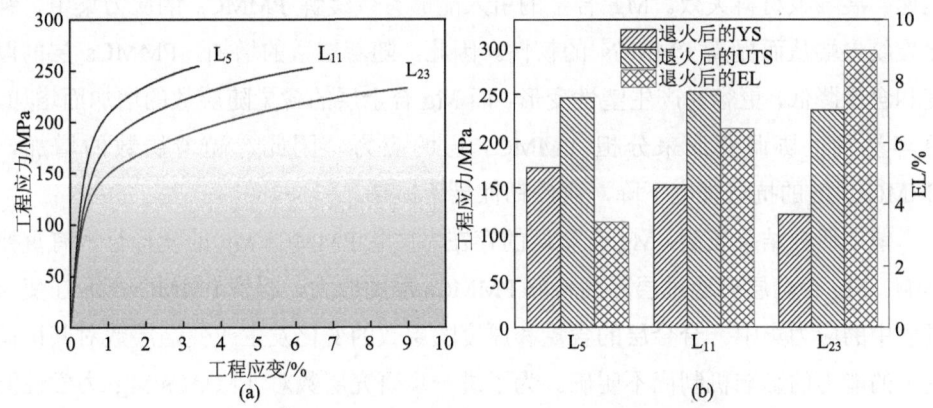

图 6-1　不同层数 PMMCs/Mg 的室温拉伸性能

(a) L_5、L_{11} 和 L_{23} 的工程应力-应变曲线；(b) L_5、L_{11} 和 L_{23} 的 YS、UTS 和 EL

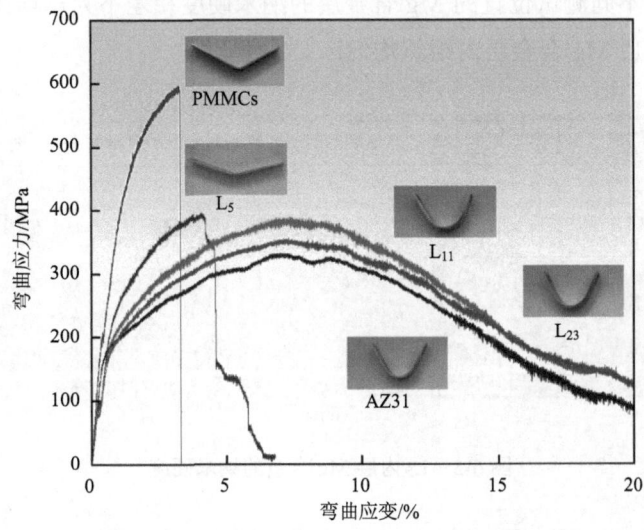

图 6-2　不同层数 PMMCs/Mg 的室温弯曲性能

此外，PMMCs/Mg 的弯曲性能与层数有重要关系。L_5 的抗弯强度较高，但其弯曲韧性较低。当层数增加到 11 层时，L_{11} 的弯曲强度略低于 L_5，但其具备优异的弯曲韧性，直到弯曲应变超过 20% 都未发生断裂。随着层数继续增加，L_{23} 同样具备较高的弯曲韧性，但是其弯曲强度明显降低。对于 PMMCs 而言，由于 SiC$_p$ 的存在会使 PMMCs 具备较高的强度和模量，但是，在弯曲变形过程中，SiC$_p$ 与基体变形不协调，在颗粒周围产生应力集中，裂纹会在 SiC$_p$ 与基体界面处萌生并迅速扩展导致材料失效。Mg 合金的引入能够有效缓解 PMMCs 的应力集中、钝化裂纹尖端从而提高 PMMCs 的韧性。因此，随着层数的增加，PMMCs 层的厚度和含量降低，更容易产生塑性变形，而 Mg 合金层的含量随层数的增加而增加，更容易发生协调变形来分担 PMMCs 层的应力。因此，随着层数的增加，PMMCs/Mg 的抗弯强度下降，弯曲韧性显著提高。

前期研究结果表明，Mg 合金层的存在对层状 PMMCs/Mg 的变形行为有重要影响。Mg 合金层可通过层界面转移 PMMCs 层的应力，缓解 PMMCs/Mg 在变形过程中的应力集中。合金层的含量和厚度随层数的变化发生改变，层数对其协调变形的能力的影响机制尚不明确。为了进一步研究层数对 PMMCs/Mg 力学性能的影响规律，明确层数对 Mg 合金层协调变形行为的影响，对 PMMCs/Mg 内层 Mg 合金进行了纳米硬度测试。图 6-3 为 L$_5$ 内层 Mg 合金不同位置的纳米硬度，从图中可知，不同测试位置的 Mg 合金层的纳米硬度相差不大，均在 0.79GPa 左右，表明退火后 Mg 合金层内组织均匀。

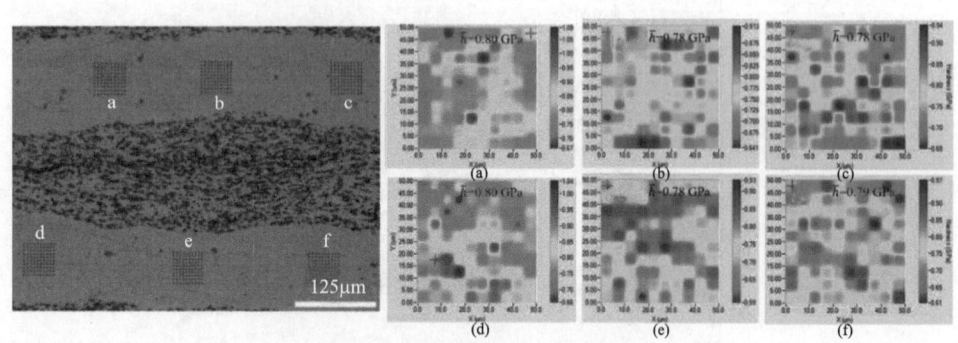

图 6-3　L$_5$ 内层 Mg 合金的纳米硬度

图 6-4 为不同层数 PMMCs/Mg 内层 Mg 合金的纳米硬度，其中图 6-4(a)、(b)、(c) 分别为 L$_5$、L$_{11}$、L$_{23}$ 的纳米硬度测试结果。从图中可以看出，随着层数的增加，内层 Mg 合金的纳米硬度出现先降低后升高的趋势。Mg 合金层在成形过程中主要起到缓解 PMMCs 层应力集中、协调变形的作用，其硬度的变化主要与相邻 PMMCs 层的应力状态和层界面对应力的再分配行为有关。当 PMMCs/Mg 的层数

为 5 层时，PMMCs 层的含量和厚度较高，在成形过程中 PMMCs 层承受的应力集中程度高，Mg 合金层的平均纳米硬度为 0.79GPa。当层数由 5 层增加到 11 层时，最内层 Mg 合金的纳米硬度略微下降，平均纳米硬度为 0.75GPa。内层 Mg 合金硬度降低的主要原因是层数的增加导致 PMMCs 层含量和厚度明显下降，PMMCs 层的应力水平下降，PMMCs 层内的应力集中程度降低，因此，相邻 Mg 合金层分担的应力减小，纳米硬度有所下降。当层数继续增加到 23 层时，虽然 PMMCs 层的含量和厚度下降，但是层数的增加使 PMMCs 层在 Mg 合金中的分布更为均匀，此外，层数的增加使层界面的数量大幅增加，Mg 合金层对 PMMCs 层应力的调节能力显著提高，PMMCs 层内一旦在轧制变形过程中产生应力集中，相邻的 Mg 合金层会可通过层界面缓解 PMMCs 层的内应力，PMMCs/Mg 的应力分布更加均匀，内层 Mg 合金的纳米硬度也明显提高。随着层数的增加，PMMCs 含量和厚度减少，PMMCs 层的应力集中程度有所下降，但层界面的增加使 Mg 合金分担 PMMCs 层应力的能力显著增强，因此，PMMCs/Mg 内层 Mg 合金的硬度随层数的增加呈现出先降低后提高的趋势。

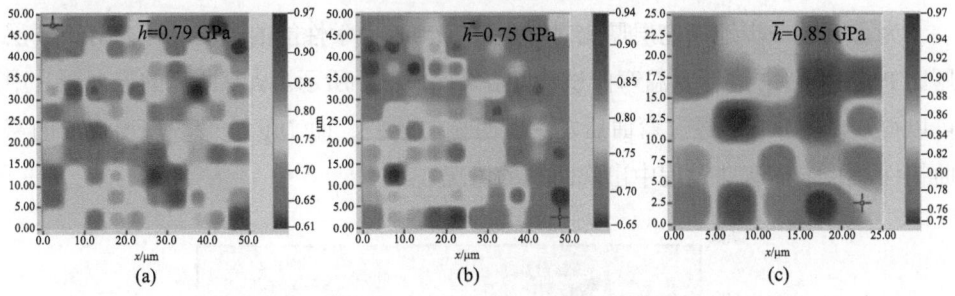

图 6-4 不同层数 PMMCs/Mg 内层 Mg 合金的纳米硬度

(a) L$_5$；(b) L$_{11}$；(c) L$_{23}$

6.2.2 不同层厚比宽幅面 PMMCs/Mg 的力学性能

为了研究层厚比对层状 PMMCs/Mg 力学性能的影响，对其进行室温拉伸试验，结果如图 6-5 所示，其中图 6-5(a) 为不同层厚比 PMMCs/Mg 的工程应力-应变曲线，图 6-5(b) 为对应的屈服强度(YS)、抗拉强度(UTS)和断裂伸长率(EL)。由图可知，随着层厚比的增加，PMMCs/Mg 的 YS 和 UTS 有所提高，而 EL 呈现出不断降低的趋势。与 Mg 合金相比，PMMCs 具有更高的 YS 和 UTS，但这是以

EL 的降低为代价的。在层状 PMMCs/Mg 中，PMMCs 的含量随着层厚比的增加而不断提高，Mg 合金的含量不断降低。因此，PMMCs/Mg 的 YS 和 UTS 随层厚比的增加呈现不断提高的趋势，而 EL 相反，呈不断降低趋势。

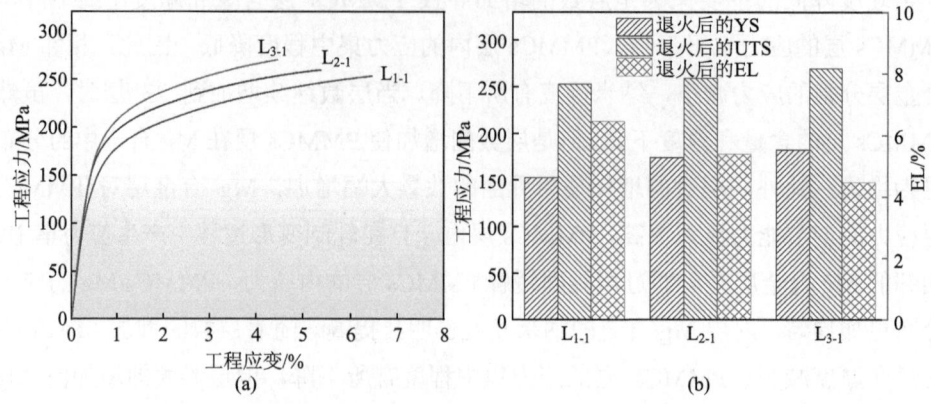

图 6-5　不同层厚比 PMMCs/Mg 的室温拉伸性能
(a) 工程应力-应变曲线；(b) L_{1-1}、L_{2-1} 和 L_{3-1} 的 YS、UTS 和 EL

为了更进一步地探究层厚比对 PMMCs/Mg 力学性能的影响规律，对不同层厚比 PMMCs/Mg 进行室温弯曲试验，结果如图 6-6 所示。从弯曲后的宏观照片中可以得知，PMMCs 经过弯曲后发生了明显的断裂，而 Mg 合金表现出优异的弯曲韧性，并未在弯曲过程中出现断裂的情况。

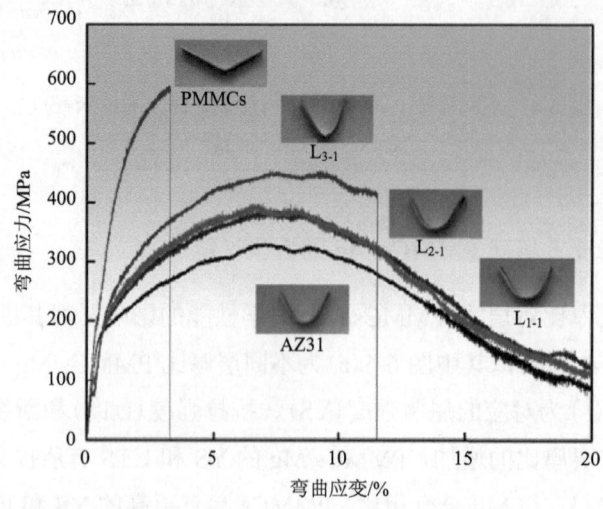

图 6-6　不同层厚比 PMMCs/Mg 的室温弯曲性能

对于不同层厚比的层状 PMMCs/Mg 而言，L_{1-1} 和 L_{2-1} 在弯曲过程中并未发生断裂。L_{3-1} 在弯曲应变达到 11.5% 时发生断裂，与 PMMCs 相比，其弯曲韧性提高了 257.8%，这说明将塑性好的 Mg 合金引入 PMMCs 中制备成 PMMCs/Mg 是提高 PMMCs 弯曲韧性的有效方式。层厚比对层状 PMMCs/Mg 的弯曲性能有很大影响。随着层厚比从 1∶1 增加到 2∶1，其抗弯强度略有增加，弯曲应变超过 20% 均未发生断裂。随着层厚比继续增加到 3∶1，层状 PMMCs/Mg 的抗弯强度显著提高，但是以 PMMCs/Mg 的弯曲韧性为代价。硬质 PMMCs 层在弯曲变形过程中能承载更多的弯曲应力，表现出较高的抗弯强度，随着层厚比的增加，PMMCs 含量不断提高，PMMCs/Mg 的抗弯强度也有所提高，而 PMMCs 含量的增加加剧 PMMCs 层的应力集中，裂纹更易在 PMMCs 层中萌生并迅速发生扩展致其断裂。此外，Mg 合金层可以通过发生协调变形的方式转移 PMMCs 层的应力，Mg 合金含量随层厚比的增加而降低，缓解 PMMCs 层应力的能力减弱，因此当层厚比增加到 3∶1 时，PMMCs/Mg 在弯曲应变达到 11.5% 时发生断裂失效。尽管 L_{3-1} 的抗弯强度与 PMMCs 相比下降了 23.7%，但是其弯曲韧性提高了近 250%，层状 PMMCs/Mg 在弯曲过程中展现出优异的强韧性。

图 6-7 为不同层厚比 PMMCs/Mg 的 XPM 测试结果，其中，图 6-7(a)、(b)、(c) 分别为 L_{1-1}、L_{2-1}、L_{3-1} 的 XPM 测试结果。从图中可以得知，随着层厚比增加，内层 Mg 合金的纳米硬度呈现出不断提高的趋势。对于不同层厚比的 PMMCs/Mg，层厚比的改变主要影响 PMMCs 层和 Mg 合金层的相对含量。随着层厚比的增加，PMMCs 层的含量和厚度不断增加，而 Mg 合金层的含量和厚度不断减小。PMMCs 层含量的增加导致其应力集中程度明显提高，而 Mg 合金层含量的减小必然使其分担应力的能力有所下降。层厚比的增加使 PMMCs 层的应力水平明显提高，相

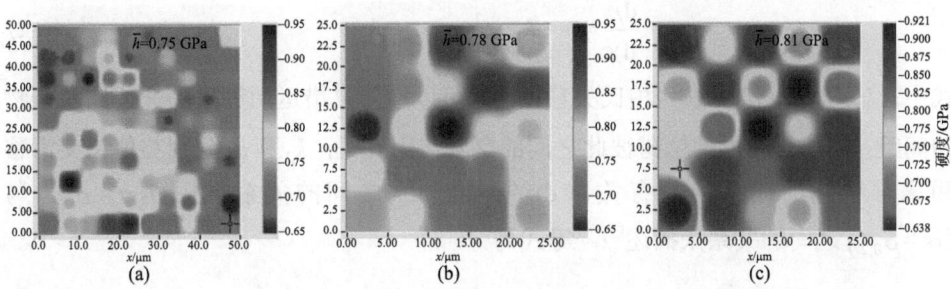

图 6-7 不同层厚比 PMMCs/Mg 内层 Mg 合金的 XPM 结果

(a) L_{1-1}; (b) L_{2-1}; (c) L_{3-1}

邻 Mg 合金层需要通过层界面转移的应力增大，可分担更多的应力，而 Mg 合金层含量的降低使其更容易在高应力下发生硬化。因此，随层厚比的增加，内层 Mg 合金的纳米硬度呈现不断提高的趋势。

6.3 PMMCs/Mg 的应变硬化行为

6.3.1 层数对 PMMCs/Mg 应变硬化行为的影响

通常采用应变硬化率曲线定量分析材料的塑性变形能力。层状 PMMCs/Mg 的应变硬化行为可由应变硬化率 θ 描述：

$$\theta = d\sigma / d\varepsilon \tag{6-1}$$

式中，σ 和 ε 分别为 PMMCs/Mg 的真应力和真应变。由应力-应变曲线和公式(6-1)可以计算并绘制不同层数 PMMCs/Mg 的应变硬化率 θ 随净流变应力 ($\sigma-\sigma_{0.2}$) 变化的曲线，如图 6-8 所示。由图 6-8(a)可知，对于层状 PMMCs/Mg 而言，其应变硬化行为主要经历应变硬化率快速下降阶段和应变硬化率平稳波动阶段，分别对应 Kocks-Mecking 模型中的动态回复阶段和大应变硬化阶段。

如图 6-8(a)所示，层状 PMMCs/Mg 在屈服后进入动态回复阶段，位错交滑移启动导致材料发生动态回复，应变硬化率呈线性下降趋势。此外，PMMCs/Mg 在动态回复阶段的应变硬化率与层数有关，随着层数的增加，应变硬化率不断降低。应变硬化率的变化主要与材料内部的位错密度有关，PMMCs/Mg 的颗粒含量、晶粒尺寸、层界面等都会对位错密度产生影响。为了进一步分析层数对 PMMCs/Mg 动态回复阶段的影响，引入了 Lukáč 等[1]建立的模型来分析其内部位错密度 ρ 随应变 γ 的变化，其数学表达式为

$$\frac{d\rho}{d\gamma} = k + k_1\rho^{1/2} - k_2\rho - k_3\rho^2 \tag{6-2}$$

式中，$k=1/(b \times d)$，b 为柏氏矢量，d 为可以增加位错运动势垒的非位错障碍物的间距；k_1 与材料内部位错彼此之间的交互作用有关；k_2 和 k_3 分别与位错交滑移和攀移引起的动态回复有关。$d\rho/d\gamma$ 与 $\rho^{1/2}$ 之间的关系可用 $\theta(\sigma-\sigma_{0.2})$ 与 $(\sigma-\sigma_{0.2})$ 之间的关系来描述[2]，等式为

$$\theta(\sigma-\sigma_{0.2}) = k + k_1(\sigma-\sigma_{0.2}) - k_2(\sigma-\sigma_{0.2})^2 - k_3(\sigma-\sigma_{0.2})^4 \tag{6-3}$$

由于镁合金在室温拉伸时很难激活位错的攀移，故 $k_3=0$。图 6-8(b)为不同层

数 PMMCs/Mg 的 $\theta(\sigma-\sigma_{0.2})$ 与 $(\sigma-\sigma_{0.2})$ 关系曲线。随着变形的进行，位错密度呈现先增加后降低的趋势。在变形初期，位错的增值占据主导地位，位错密度增大，随着变形的进行，位错的交滑移激活，异号位错相互抵消，位错密度逐渐降低。由公式(6-3)和图 6-8(b)可以计算出各参数的值，计算结果如表 6-1 所示。

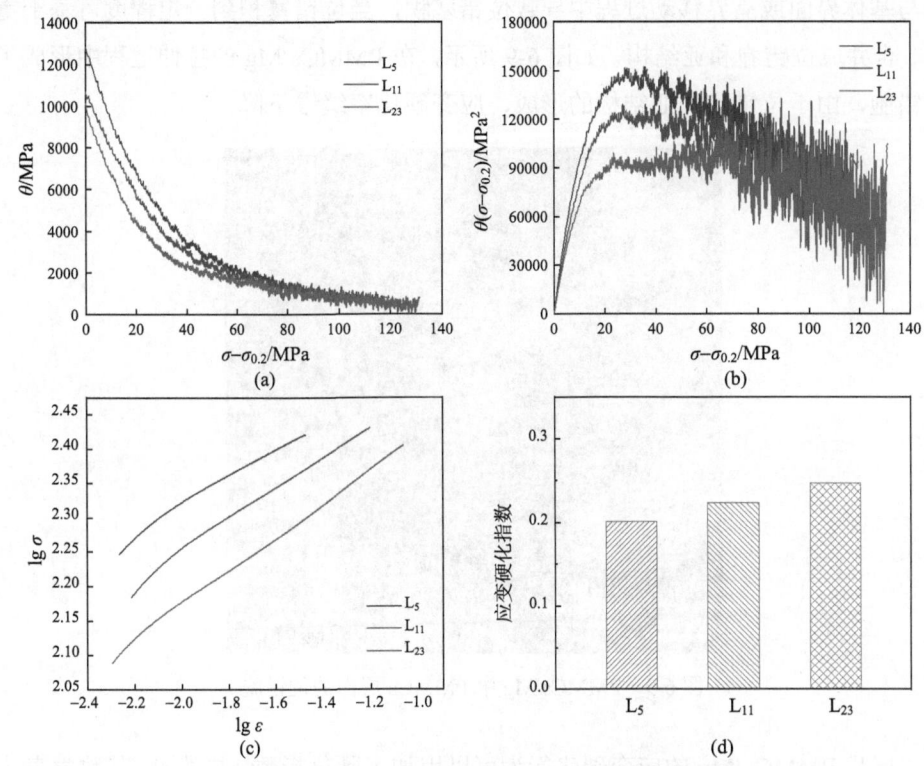

图 6-8 不同层数 PMMCs/Mg 的应变硬化行为
(a)应变硬化率；(b) $\theta(\sigma-\sigma_{0.2})$ 与 $(\sigma-\sigma_{0.2})$ 的关系曲线；(c) $\lg\sigma$ 与 $\lg\varepsilon$ 的关系曲线；(d)应变硬化指数

表 6-1 不同层数 PMMCs/Mg 应变硬化各参数数值

材料	k	k_1	k_2	R^2
L_5	11464	9369	158	0.986
L_{11}	12237	7669	129	0.967
L_{23}	14510	5727	100	0.949

由表 6-1 可知，随着层数的增加，PMMCs/Mg 的 k 值不断增加，而 k_1 和 k_2 值不断减小。这说明随着层数的增加，PMMCs/Mg 中位错增殖的速度提高，而位错

之间的交互作用减弱，位错交滑移引起的回复效率降低。PMMCs/Mg 层界面的数量随着层数的增加而增大，对位错运动的阻碍作用增强，位错容易在层界面处塞积、增殖。

当层状 PMMCs/Mg 进入大应变硬化阶段后，位错可动性增加，在位错向颗粒与基体界面或晶界移动过程中导致位错塞积，当位错塞积到一定程度可基于重组、合并成位错胞和亚结构，如图 6-9 所示，在 PMMCs/Mg 的拉伸过程中形成了位错胞，由于位错胞和亚结构的形成，应变硬化率缓慢下降。

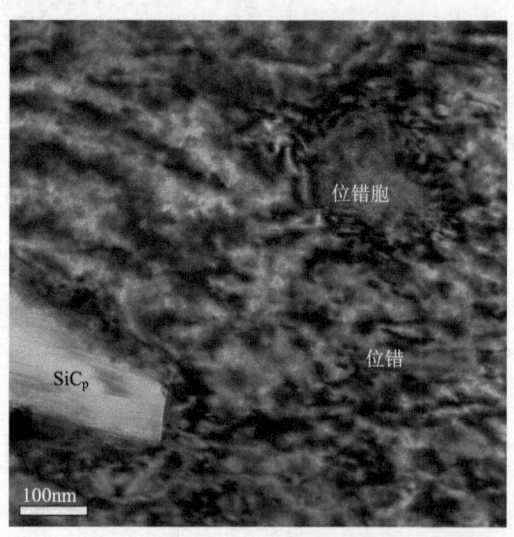

图 6-9　PMMCs/Mg 中 PMMCs 层内的位错胞

层状 PMMCs/Mg 的应变硬化行为可以用加工硬化指数 n 描述[3]，其数学表达式如下：

$$n = \frac{\lg\sigma}{\lg\varepsilon} \tag{6-4}$$

不同层数 PMMCs/Mg 的 $\lg\sigma$ 和 $\lg\varepsilon$ 的关系如图 6-8(c) 所示，图 6-8(d) 为 n 值的拟合结果。随着层数增加，PMMCs/Mg 的加工硬化指数不断提高。

6.3.2　层厚比对 PMMCs/Mg 应变硬化行为的影响

图 6-10 为不同层厚比 PMMCs/Mg 的应变硬化行为。由图 6-10(a) 可知，三种 PMMCs/Mg 的应变硬化行为均经历了动态回复和大应变硬化两个阶段。在动态回复阶段，PMMCs/Mg 应变硬化率快速降低，随层厚比的增加，PMMCs/Mg 的应

变硬化率呈现出先减小后增大的趋势。进入大应变硬化阶段后，不同层厚比 PMMCs/Mg 的应变硬化率降低速度均随之减缓并趋于稳定。

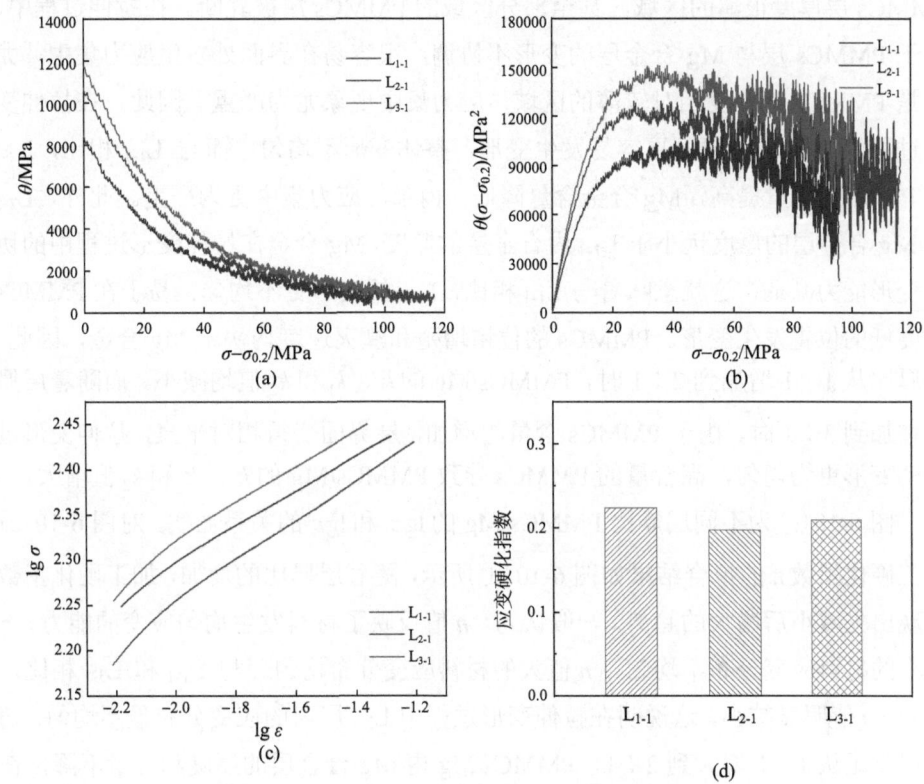

图 6-10 不同层厚比 PMMCs/Mg 的应变硬化行为
(a) 应变硬化率；(b) $\theta(\sigma-\sigma_{0.2})$ 与 $(\sigma-\sigma_{0.2})$ 的关系曲线；(c) $\lg\sigma$ 与 $\lg\varepsilon$ 的关系曲线；(d) 应变硬化指数

由公式 (6-3) 对图 6-10(b) 进行拟合可计算出不同层厚比 PMMCs/Mg 在动态回复阶段的各参数值，计算结果如表 6-2 所示，可见，随着 PMMCs/Mg 层厚比的增加，k、k_1 和 k_2 值均呈现出先减小后增大的趋势。

表 6-2 不同层厚比 PMMCs/Mg 应变硬化各参数数值

材料	k	k_1	k_2	R^2
L_{1-1}	12237	7669	129	0.967
L_{2-1}	9144	5734	92	0.976
L_{3-1}	11078	8760	140	0.987

如第5章所述，不同层厚比的PMMCs/Mg均出现了不同程度的波纹形界面。当层厚比从1∶1增加到2∶1时，虽然界面的波纹程度有所减缓，但仍存在PMMCs层厚度很薄的区域，甚至部分区域的PMMCs层被轧断。在拉伸过程中，由于PMMCs层与Mg合金层的变形不协调，很容易在界面处发生应力集中，尤其是PMMCs层厚度相对较薄的区域，应力集中现象尤为严重。因此，在拉伸变形过程中PMMCs薄区更容易发生变形，整体变形不均匀。而与L$_{1-1}$相比，L$_{2-1}$的PMMCs含量提高，Mg合金含量降低，内部的应力集中更为严重。此外，L$_{2-1}$内Mg合金层的厚度远小于L$_{1-1}$内合金层的厚度，Mg合金在拉伸变形过程中的协调变形能力减弱，这就意味着与L$_{1-1}$相比，L$_{2-1}$的变形更不均匀，易于在PMMCs厚度低的位置发生变形。PMMCs的位错增殖和湮灭速度均快于Mg合金，因此，层厚比从1∶1增加到2∶1时，PMMCs/Mg的k、k_1和k_2值均减小。而随着层厚比增加到3∶1时，由于PMMCs含量的增加，层界面变得相对平直，拉伸变形过程中变形更为均匀，高含量的PMMCs导致PMMCs/Mg的k、k_1和k_2值增大。

图6-10(c)为不同层厚比PMMCs/Mg的lgσ和lgε的关系曲线，对图6-10(c)加工硬化指数n的拟合结果如图6-10(d)所示，随着层厚比的增加，加工硬化指数呈现出先减小后增大的趋势。一般认为，n值反映了材料发生均匀应变的能力，n值小的材料应变分布不均匀，n值大的材料应变分布均匀。与L$_{1-1}$和L$_{3-1}$相比，L$_{2-1}$的n值明显减小，这说明在拉伸变形过程中L$_{2-1}$层内的应变分布最不均匀。随着层厚比从1∶1增大到2∶1，PMMCs/Mg内Mg合金层的厚度和含量下降，在拉伸过程中Mg合金层通过自身产生应变分担PMMCs层应力的能力减弱，因此，L$_{2-1}$在拉伸变形过程中的应变分布变得不均匀。而当层厚比从2∶1增加到3∶1，PMMCs/Mg中PMMCs层的含量增加，Mg合金层的含量降低，拉伸过程中主要依靠PMMCs层承担应力，Mg合金层通过协调变形分担PMMCs层应力的能力有限，高含量的PMMCs层产生均匀的应变，因此，当层厚比从2∶1增加到3∶1时，PMMCs/Mg在拉伸过程中的应变分布变得更均匀。

6.4 PMMCs/Mg的应力松弛行为

6.4.1 层数对PMMCs/Mg应力松弛行为的影响

为了进一步分析层状PMMCs/Mg的室温变形行为，对其进行循环应力松弛实验，以揭示层结构参数对 PMMCs/Mg 软化行为的影响。应力松弛试验的拉伸应变速率为 $10^{-3}s^{-1}$，松弛时间为 600s，应力松弛实验从应变为 1%开始，每隔 0.5% 松弛一次，直至材料断裂。图 6-11 为不同层数 PMMCs/Mg 循环应力松弛曲线，其中图 6-11(a)、(b)、(c)为应力随应变变化的曲线，图 6-11(d)、(e)、(f)为应力随时间变化的曲线。随着层数的增加，层状 PMMCs/Mg 的伸长率有所提高，可经历更多的应力松弛循环。

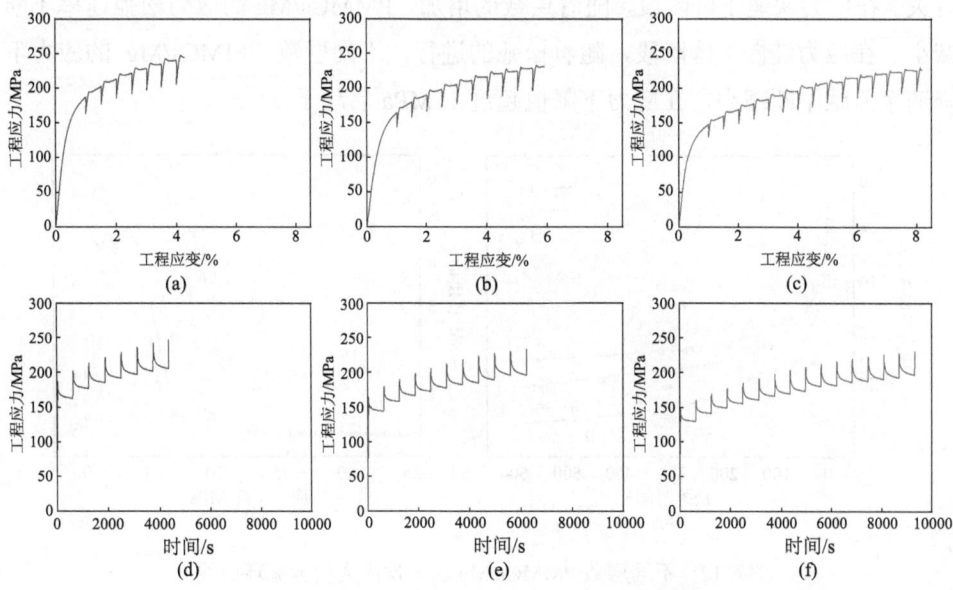

图 6-11 不同层数 PMMCs/Mg 应力松弛曲线
(a)、(d) L_5；(b)、(e) L_{11}；(c)、(f) L_{23}

为了描述不同层数 PMMCs/Mg 的应力松弛行为，通过以下公式计算出其应力下降值 $\Delta\sigma_t$ 和应力松弛速率 $\dot{\sigma}$：

$$\Delta\sigma_t = \sigma_t - \sigma_0 \tag{6-5}$$

$$\dot{\sigma} = -\frac{d\sigma}{dt} \tag{6-6}$$

式中，σ_t 为 PMMCs/Mg 在松弛时间为 t 时的应力值；σ_0 为 PMMCs/Mg 开始松弛时的应力值；t 为松弛时间。图 6-12 为不同层数 PMMCs/Mg 的第一次应力松弛循环曲线，其中图 6-12(a)为应力下降值 $\Delta\sigma_t$ 随松弛时间变化的曲线，由图可知，PMMCs 的应力松弛行为主要分为两个阶段：应力快速下降阶段和应力缓慢下降阶段。在应力松弛早期应力下降快，此阶段的持续时间较短，经过 10 s 后，应力下降的速度变得缓慢。层数对 PMMCs/Mg 的应力松弛行为有所影响，随着层数的增加，应力下降值不断减小。图 6-12(b)为应力松弛速率 $\dot{\sigma}$ 随应力下降值 $\Delta\sigma_t$ 变化的曲线，应力松弛速率的变化主要分为两个阶段，在高应力水平下，应力松弛速率迅速下降(应力快速下降阶段)。随着应力值减小，应力松弛速率下降速度变得缓慢(应力缓慢下降阶段)，并逐渐趋于 0。PMMCs/Mg 的应力下降速率与层数有关。在应力快速下降阶段，随着层数的增加，PMMCs/Mg 的应力松弛速率不断减小。在应力缓慢下降阶段，随着松弛的进行，不同层数 PMMCs/Mg 的应力下降速率差距不断缩小，在应力下降值超过 15MPa 后趋于 0。

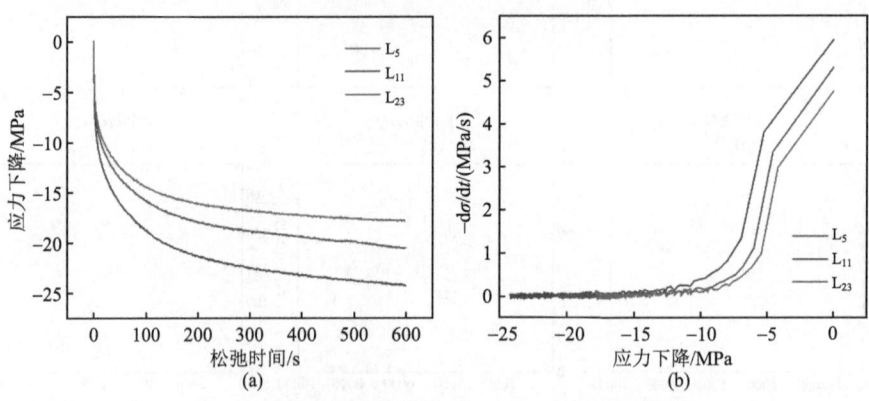

图 6-12 不同层数 PMMCs/Mg 第一次应力松弛循环曲线
(a)应力下降值；(b)应力松弛速率

为了进一步揭示 PMMCs/Mg 的应力松弛行为，可基于公式推导其在松弛过程中变形机制。在应力松弛过程中，总应变 ε_0 是不变的，可用公式(6-7)表示：

$$\varepsilon_0 = \varepsilon_e + \varepsilon_p \tag{6-7}$$

即

$$\varepsilon_p = \varepsilon_0 - \varepsilon_e \tag{6-8}$$

式中，ε_0 为应力松弛过程中的总应变；ε_e 为弹性应变；ε_p 为塑性应变。此外，塑性应变率与应力之间的关系可用公式(6-9)表示[4]：

$$d\varepsilon_p/dt = a\sigma^x \exp(-Q/RT) \tag{6-9}$$

对公式(6-9)取对数，可得公式(6-10)：

$$\ln(d\varepsilon_p/dt) = \ln a + x\ln\sigma - Q/RT \tag{6-10}$$

式中，a 为常数；Q 为活化能；R 为摩尔气体常量；T 为温度；x 为与应变和应力相关的指数，可反映应力松弛的变形机制。通常，当 $x \approx 1 \sim 2$ 时，变形主要以扩散为主；当 $x \approx 2 \sim 4$ 时，是以位错滑移为主的变形；当 $x \approx 4 \sim 6$ 时，变形主要以位错攀移为主。不同层数 PMMCs/Mg 的 $\ln(d\varepsilon_p/dt)$ 随 $\ln\sigma$ 变化曲线如图 6-13(a)所示，图 6-13(b)为对 x 值的拟合结果。由图可知，不同层数 PMMCs/Mg 在松弛过程中的 x 值介于 2 和 4 之间，说明其在松弛过程中的变形机制以位错滑移为主。因此，层状 PMMCs/Mg 的应力松弛行为主要受位错运动的影响。随着层数的增加，层界面的数量增多，位错在应力松弛过程中容易在界面处受阻，降低了 PMMCs/Mg 的应力松弛极限和应力松弛速率。此外，随着层数的增加，Mg 合金层的含量和层数增加，协调变形能力增强，而 PMMCs 层的含量和厚度不断减小，在变形过程中更容易通过层界面实现应力的再分配以缓解 PMMCs 层的应力集中，PMMCs/Mg 的存储能降低，导致位错回复效率降低，从而弱化了软化效果。

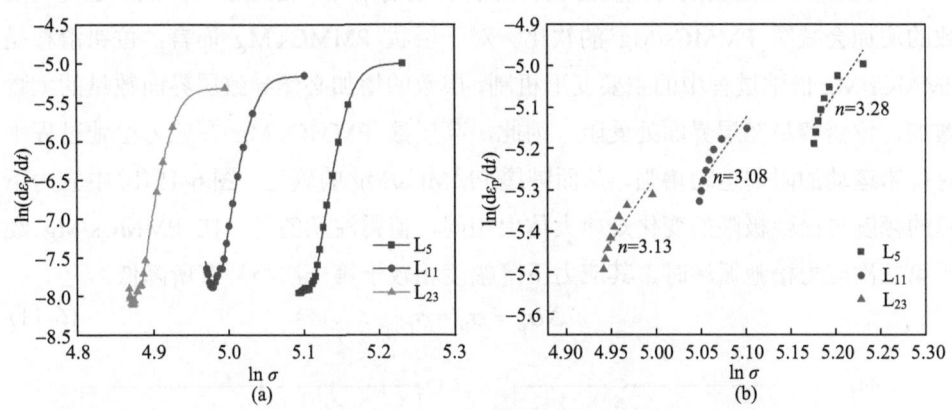

图 6-13 不同层数 PMMCs/Mg 应力松弛过程的变形机制

不同层数 PMMCs/Mg 在不同应力松弛的循环曲线如图 6-14 所示，图 6-14(a)、(b)、(c)分别为 L_5、L_{11}、L_{23} 的应力松弛曲线。从图可知，PMMCs/Mg 在应力松弛阶段的初始应力值和结束时的应力值都随循环次数的增加而不断增加。

为了进一步分析不同层数 PMMCs/Mg 在不同循环的应力松弛行为，通过公式(6-11)对其在不同应力松弛循环的松弛极限 $\Delta\sigma_p$ 进行计算，计算结果如图 6-15 所示，其中图 6-15(a)为不同层数 PMMCs/Mg 在不同应力松弛循环下的松弛极限

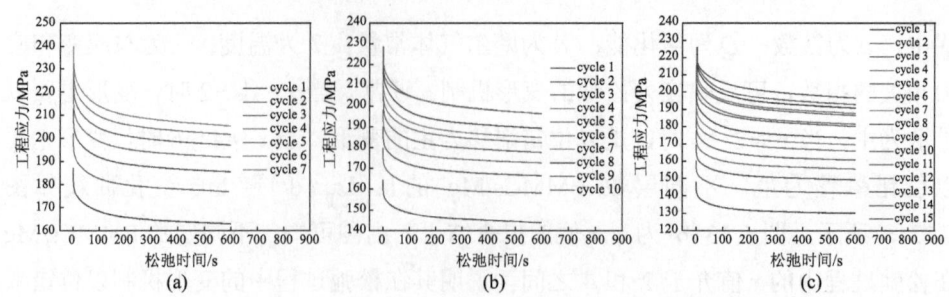

图 6-14 不同层数 PMMCs/Mg 应力松弛循环曲线

(a) L_5; (b) L_{11}; (c) L_{23}

$\Delta\sigma_p$，图 6-15(b) 为松弛极限 $\Delta\sigma_p$ 与松弛开始时的应力 σ_0 之比，反映了 PMMCs/Mg 在应力松弛实验不同循环下应力下降的幅度，由图可知，在应力松弛前期阶段(8 次循环前)，PMMCs/Mg 的松弛极限不断提高，而在应力松弛后期出现松弛极限降低的情况，并且松弛极限在某一应力水平上下波动。层数对 PMMCs/Mg 的松弛极限有重要影响，随着层数的增加，松弛极限降低，这说明层数的增加会减缓 PMMCs/Mg 的软化。对于层状 PMMCs/Mg 而言，位错滑移是 PMMCs/Mg 松弛过程中的主要变形机制，层数的增加必然导致层界面数量的大量增加，位错容易在层界面处受阻，因此，高层数 PMMCs/Mg 在应力松弛过程中对位错运动的阻碍运动增强，从而减缓 PMMCs/Mg 的软化。图 6-15(b) 中应力下降的幅度与松弛极限的变化规律大体上相同，值得注意的是，在 PMMCs/Mg 经历第二次应力松弛循环时，其应力下降幅度相较于第一次循环有所降低。

$$\Delta\sigma_p = \sigma_0 - \sigma_t \tag{6-11}$$

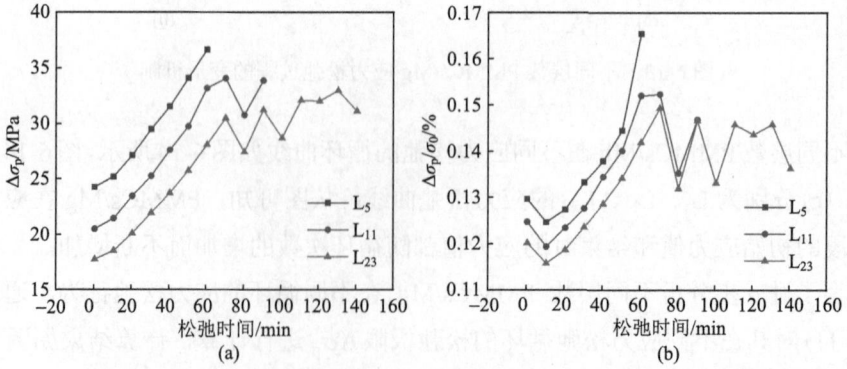

图 6-15 不同层数 PMMCs/Mg 在不同应力松弛循环的松弛极限

(a) 松弛极限；(b) 应力下降幅度

6.4.2 层厚比对 PMMCs/Mg 应力松弛行为的影响

PMMCs/Mg 的应力松弛曲线如图 6-16 所示。图 6-16(a)、(b)、(c)分别为 L$_{1-1}$、L$_{2-1}$、L$_{3-1}$ 应力随应变变化的曲线，图 6-16(d)、(e)、(f)为对应的应力随时间变化的曲线。随着层厚比的增加， PMMCs/Mg 的塑性降低，其经历的应力松弛循环次数减少。基于公式(6-5)和式(6-6)可以计算出不同层厚比 PMMCs/Mg 第一次应力松弛循环下的应力下降值 $\Delta\sigma_t$ 和应力松弛速率 $\dot{\sigma}$，计算结果如图 6-17 所示。图 6-17(a)为应力下降随 $\Delta\sigma_t$ 随松弛时间变化的曲线，可见，不同层厚比 PMMCs/Mg 的松弛行为主要经历应力快速下降阶段和应力缓慢下降阶段。随着层厚比的增加，PMMCs/Mg 的应力下降值增大。

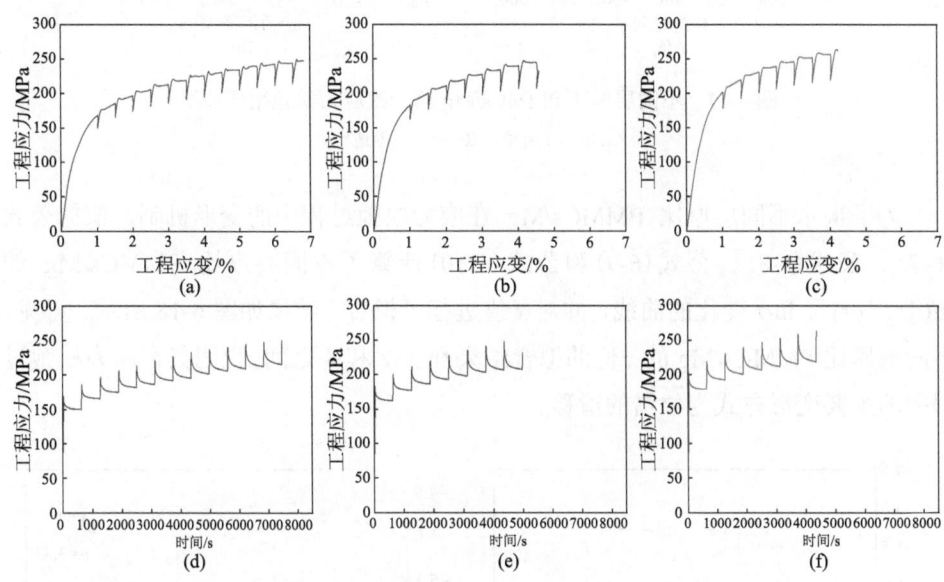

图 6-16 不同层厚比 PMMCs/Mg 应力松弛曲线
(a)、(d) L$_{1-1}$；(b)、(e) L$_{2-1}$；(c)、(f) L$_{3-1}$

图 6-17(b)为不同层厚比 PMMCs/Mg 应力下降速率 $\dot{\sigma}$ 随应力下降值 $\Delta\sigma_t$ 变化的曲线，在高应力水平阶段，PMMCs/Mg 的应力下降速率很高，应力快速下降，对应应力快速下降阶段，随着应力水平降低，PMMCs/Mg 的应力下降速率迅速降低并逐渐趋于 0，对应应力缓慢下降阶段。随着层厚比的增加，应力下降速率也不断提高，这是由于层厚比的增加导致 PMMCs/Mg 中 PMMCs 含量提高，高含量

的 PMMCs 必然导致 PMMCs/Mg 在变形过程中位错密度的增加，从而使其内部存储能增大，更有利于促进位错滑移，提高软化速率。因此，层厚比的提高促进了层状 PMMCs/Mg 的软化行为。

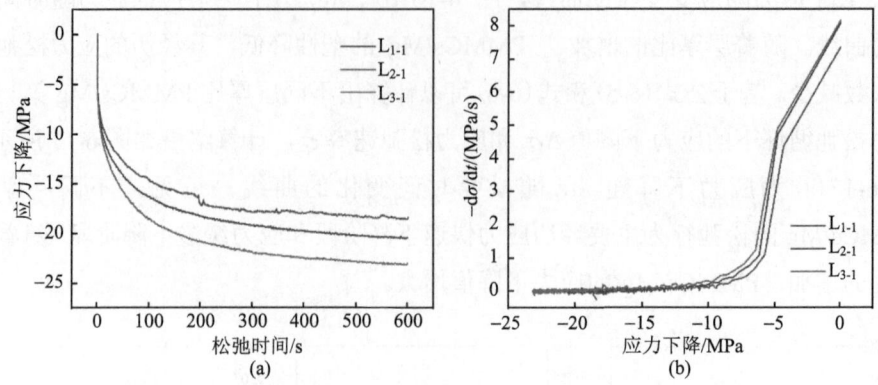

图 6-17 不同层厚比 PMMCs/Mg 第一次应力松弛循环曲线
(a) 应力下降值；(b) 应力松弛速率

为了揭示不同层厚比 PMMCs/Mg 在应力松弛过程中的变形机制，依据公式 (6-7)、公式 (6-8)、公式 (6-9) 和公式 (6-10) 计算了不同层厚比 PMMCs/Mg 的 $\ln(d\varepsilon_p/dt)$ 随 $\ln\sigma$ 变化的曲线，并对 x 值进行了拟合，结果如图 6-18 所示。可见，不同层厚比 PMMCs/Mg 的 x 值的拟合结果都在 2 和 4 之间，说明其在应力松弛过程中的主要变形方式为位错的滑移。

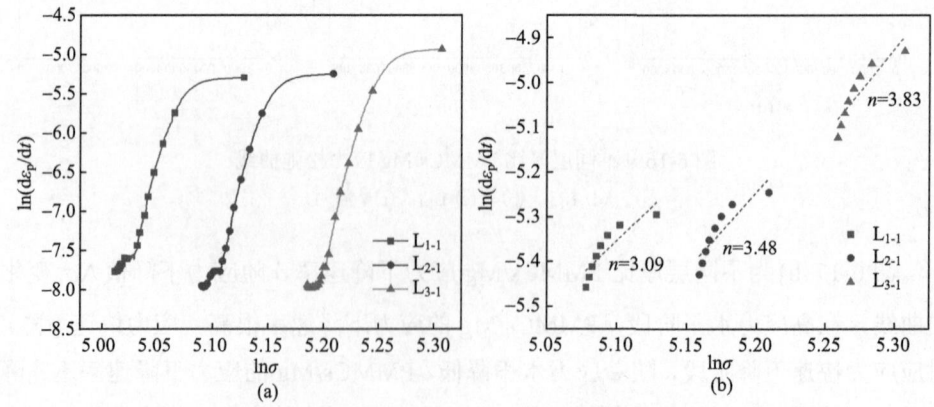

图 6-18 不同层厚比 PMMCs/Mg 应力松弛过程变形机制

第 6 章 碳化硅增强镁基层状材料的强化行为

图 6-19 为不同层厚比 PMMCs/Mg 在不同应力松弛循环次数应力随松弛时间衰减的曲线，其中图 6-19(a)、(b)、(c)分别为 L_{1-1}、L_{2-1} 和 L_{3-1} 的应力松弛曲线。随着应力松弛循环次数的增加，PMMCs/Mg 松弛开始时的应力值和松弛结束时的应力值都明显增加，这是由于 PMMCs/Mg 在加载过程中位错的不断累积。此外，由于 PMMCs/Mg 的塑性随层厚比的增加而降低，PMMCs/Mg 经历的应力松弛循环次数随层厚比的增加而减少。

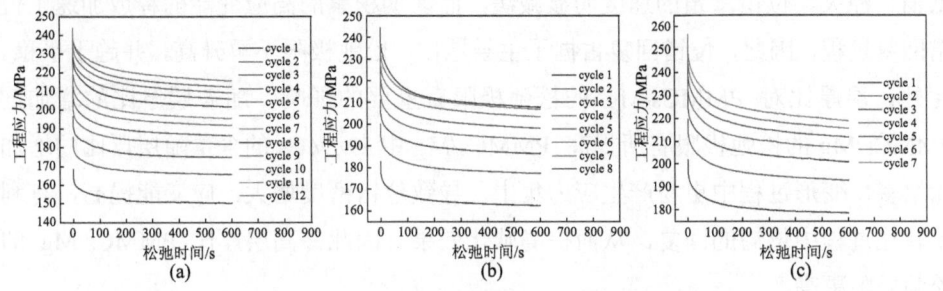

图 6-19 不同层厚比 PMMCs/Mg 应力松弛循环曲线
(a) L_{1-1}；(b) L_{2-1}；(c) L_{3-1}

由公式(6-11)可以计算出不同层厚比 PMMCs/Mg 在不同应力松弛循环次数的松弛极限 $\Delta\sigma_p$，计算结果如图 6-20 所示，其中图 6-20(a)为松弛极限 $\Delta\sigma_p$，图 6-20(b)为松弛极限 $\Delta\sigma_p$ 与松弛开始时的应力 σ_0 之比。从图中可以得知，PMMCs/Mg 在应力松弛实验前期(8 次循环前)的松弛极限不断提高，而在松弛后

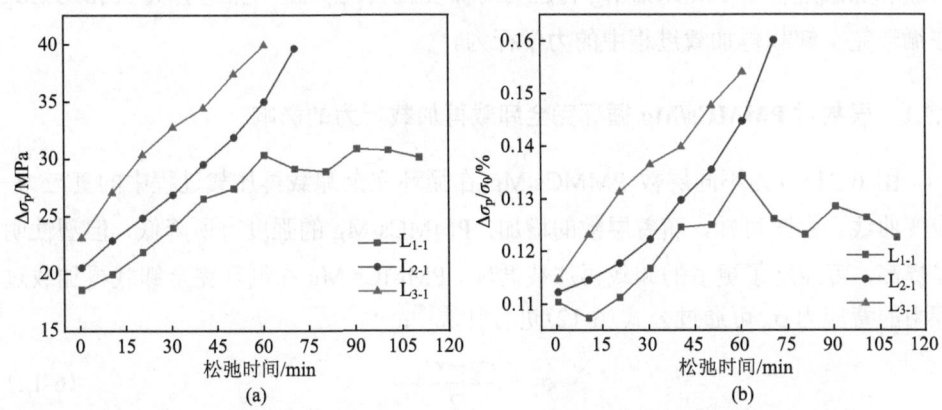

图 6-20 不同层厚比 PMMCs/Mg 在不同应力松弛循环的松弛极限
(a)松弛极限；(b)应力下降幅度

期(8次循环后),松弛极限不再明显增长,而是趋于某一定值。图 6-20(b)中 PMMCs/Mg 松弛极限的变化率显示出相同的趋势,其松弛极限由加载过程中的位错增殖和松弛过程中的位错回复决定。在应力松弛实验前期,加载过程中 Mg 基体与 SiC$_p$ 变形不协调,发生应力集中,位错大量增殖、塞积,产生高应变能,位错增殖占据主导地位,PMMCs/Mg 的松弛极限不断提高。

在应力松弛实验后期,PMMCs/Mg 的加工硬化率大幅度下降,异号位错相互抵消、湮灭,位错增殖的速度明显减缓,而前期积累的高应变能的释放加速了位错回复过程,因此,位错回复占据了主导地位,松弛极限不再升高,并趋于平稳。此外,层厚比对 PMMCs/Mg 的松弛极限有重要的影响,随着层厚比的增加,PMMCs/Mg 的松弛极限有所提高。PMMCs/Mg 中 PMMCs 的含量随层厚比的增加而增多,变形过程中更易产生应力集中,导致位错密度增大,应变能提高,有利于软化过程中位错的回复,从而提高软化效果。因此,高层厚比 PMMCs/Mg 的松弛极限更高。

6.5 PMMCs/Mg 的循环完全卸载再加载行为

有研究表明,因异质材料在加载过程中变形不协调,能够通过产生几何必须位错实现对材料强化(背应力强化)。为了进一步研究层结构参数对 PMMCs/Mg 变形行为的影响,对层状 PMMCs/Mg 进行了循环完全卸载再加载试验,分析在卸载和加载过程中 PMMCs/Mg 背应力对流变应力的贡献,探究层状 PMMCs/Mg 在循环完全卸载再加载过程中的力学行为。

6.5.1 层数对 PMMCs/Mg 循环完全卸载再加载行为的影响

图 6-21(a)为不同层数 PMMCs/Mg 在循环完全卸载再加载过程中的真应力-应变曲线。由图可知,随着层数的增加,PMMCs/Mg 的强度有所降低,但塑性明显提高,可经历了更多的卸载再加载循环。PMMCs/Mg 在循环完全卸载再加载过程中的背应力 σ_b 可通过公式(6-12)进行计算[5]:

$$\sigma_b = \frac{\sigma_r + \sigma_u}{2} \tag{6-12}$$

式中,σ_r 为加载时的屈服应力;σ_u 为卸载时的屈服应力。图 6-21(b)为 σ_r 和 σ_u 的表示方法。背应力的计算结果,如图 6-21(c)所示,由图可知,PMMCs/Mg 的背应力随着应变的增加而增加。此外，层数对 PMMCs/Mg 的背应力有重要影响，随着层数的增加，其背应力逐渐降低。鉴于 PMMCs/Mg 的韧性随层数的增加而显著提高，加载到最终阶段的背应力与低层数 PMMCs/Mg 最终阶段的背应力相差不大，从而导致不同层数 PMMCs/Mg 的 UTS 无明显差异。考虑到 PMMCs/Mg 的韧性随层数的增加而增大，故 PMMCs/Mg 随层数增加而表现出更优异的强韧性匹配。

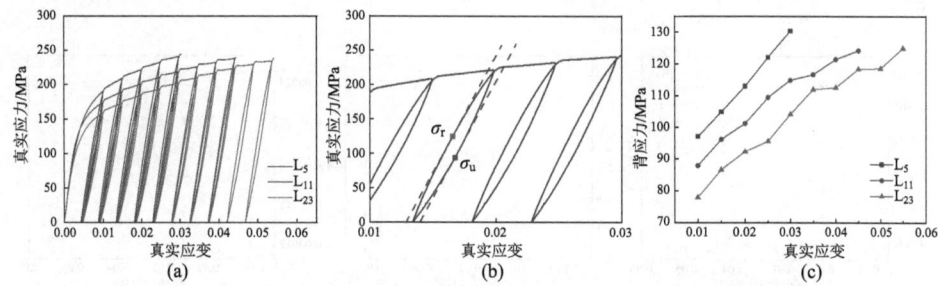

图 6-21　不同层数 PMMCs/Mg 循环完全卸载再加载曲线
(a) 完全卸载再加载曲线；(b) 背应力计算方法；(c) 背应力

为了进一步描述 PMMCs/Mg 在循环完全卸载再加载过程中的力学行为，对 PMMCs/Mg 的滞弹性应变 ε_a、再屈服效应 $\Delta\sigma_r$ 和棘轮应变 $\Delta\varepsilon_r$ 进行了计算。图 6-22(a) 为滞弹性应变 ε_a 的定义，滞弹性应变是材料在卸载后不能瞬时回复，而是随时间的延长慢慢回复的应变[6]。图 6-22(b) 为再加载屈服效应 $\Delta\sigma_r$ 的定义，它是循环后维持继续变形所需的流变应力增加的最大值，再加载屈服效应的产生是由于材料在重新加载时需要轻微的瞬时应力上升以重新启动塑性[7]。图 6-22(c) 为棘轮应变 $\Delta\varepsilon_r$，它代表了材料再循环加载期间塑性应变的积累。

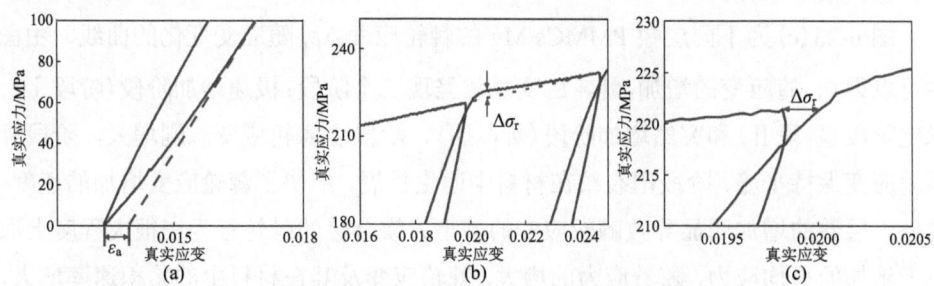

图 6-22　层状 PMMCs/Mg 循环完全卸载再加载过程中的重要参数
(a) 滞弹性应变；(b) 再屈服效应；(c) 棘轮应变

不同层数层状 PMMCs/Mg 在循环卸载再加载过程中的滞弹性应变 ε_a 随应变变化的曲线如图 6-23(a)所示，从图可知，PMMCs/Mg 的滞弹性应变随着应变的增加出现先增大后减小的趋势。此外，PMMCs/Mg 的滞弹性应变与其层数有关，随层数的增加，滞弹性应变增大。镁合金的滞弹性通常归因于去孪生，内应力的重新分配导致背应力的存在为卸载过程中的去孪生提供了驱动力。随着层数的增加，PMMCs/Mg 的背应力不断降低，去孪生的驱动力减小，从而导致其滞弹性提高。

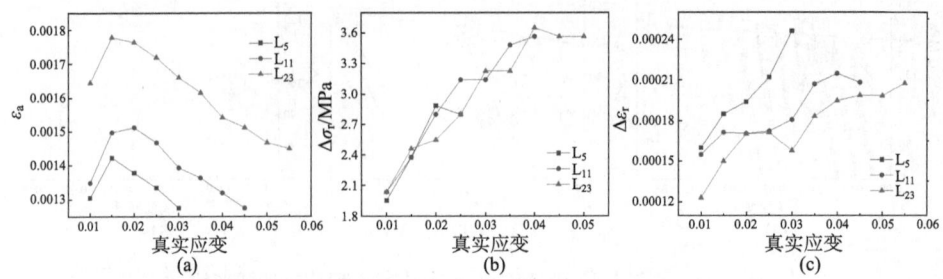

图 6-23 不同层数 PMMCs/Mg 循环完全卸载再加载行为
(a)滞弹性应变；(b)再屈服效应；(c)棘轮应变

图 6-23(b)为 PMMCs/Mg 的再加载屈服效应 $\Delta\sigma_r$，由图可知，再加载屈服效应随变形的进行总体呈现出不断增长的趋势。再加载屈服效应的产生是可动位错耗尽的结果，在重新加载过程中增加的应力是产生和增加位错以补偿耗尽的可动位错所需的额外应力。如上所述，PMMCs/Mg 在变形过程中，位错增殖速度逐渐减缓，位错回复逐渐占据主导地位，可动位错的数量不断降低，需要更大的额外应力以产生位错补偿耗尽的可动位错，因此，随变形的进行，层状 PMMCs/Mg 的再加载效应增强。

图 6-23(c)为不同层数 PMMCs/Mg 的棘轮应变 $\Delta\varepsilon_r$ 随应变变化的曲线，由图中可以得知，随应变的增加，棘轮应变总体呈现三个阶段：极速增加阶段(阶段Ⅰ)、稳定阶段(阶段Ⅱ)和突然增加阶段(阶段Ⅲ)，阶段Ⅰ棘轮应变急剧增大，阶段Ⅱ棘轮应变保持平稳，阶段Ⅲ裂纹在材料中萌生扩展，加快了棘轮应变增加的速度。此外，层数的增加明显导致棘轮应变的减小。镁合金的棘轮行为在很大程度上取决于施加的平均应力，随着应力的增大，棘轮应变及其在材料中的累积速率增大，损伤加速，缩短疲劳寿命。对于 PMMCs/Mg 层状材料而言，随着层数的增加，相同应变下应力减小，棘轮应变累积的速度减缓，损伤减缓，有利于提高疲劳

寿命。

6.5.2 层厚比对 PMMCs/Mg 循环完全卸载再加载行为的影响

不同层厚比 PMMCs/Mg 在完全卸载再加载过程中的真应力-应变曲线如图 6-24(a)所示，随着层厚比的增加，PMMCs/Mg 在加载过程中的流变应力明显提高，但是塑性有所降低，经历的循环次数减少。图 6-24(b)为不同层厚比 PMMCs/Mg 在循环完全卸载再加载过程中的背应力随真应变变化的曲线。随着应变的增加，PMMCs/Mg 的背应力不断提高。随着层厚比的增加，PMMCs/Mg 的背应力也随之增大。

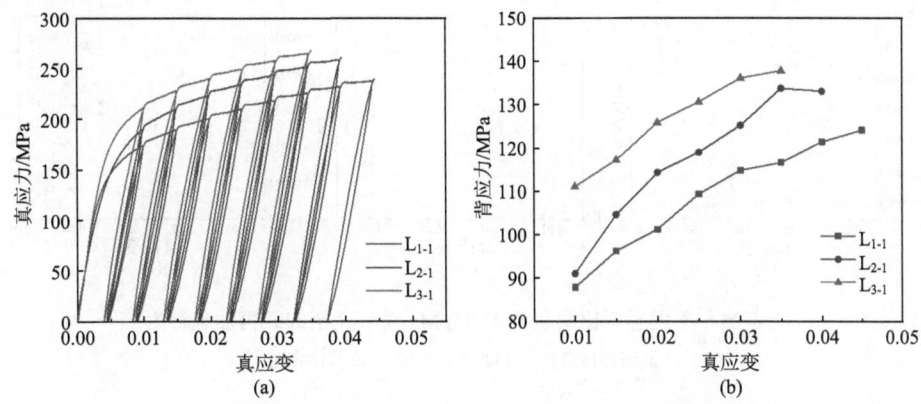

图 6-24 不同层厚比 PMMCs/Mg 循环完全卸载再加载曲线
(a)完全卸载再加载曲线；(b)背应力

图 6-25(a)为不同层厚比 PMMCs/Mg 在循环完全卸载再加载过程中滞弹性应变的统计结果，随着应变的增加，PMMCs/Mg 的滞弹性应变呈现出先增大后减小的趋势。随着层厚比的增加，PMMCs/Mg 的滞弹性应变先减小后增大。不同层厚比 PMMCs/Mg 的再加载屈服效应随真应变变化的曲线如图 6-25(b)所示，随着层厚比的增加，PMMCs/Mg 的再加载屈服效应不断提高，这是由于加载过程中位错的回复逐渐占据主导地位，可动位错的数量减少，需要更大的额外应力产生位错以补偿耗尽的可动位错。

图 6-25(c)为不同层厚比 PMMCs/Mg 在循环完全卸载再加载过程中棘轮应变随真应变变化的曲线。随着应变的增加，PMMCs/Mg 的棘轮应变呈现极速增加阶段(阶段Ⅰ)、稳定阶段(阶段Ⅱ)和突然增加阶段(阶段Ⅲ)。棘轮应变与

PMMCs/Mg 的层厚比有重要关系，在第一次循环中，PMMCs/Mg 的棘轮应变随层厚比的增加而减小，在后续的卸载再加载阶段中，棘轮应变随层厚比的增加而增大。PMMCs/Mg 中 PMMCs 层的厚度随层厚比的增加而增加，在轧制过程中抵抗变形的能力增强，更难产生颗粒的破碎和界面的脱粘，从而抑制裂纹的萌生，因此，在第一次卸载再加载阶段，低层厚比更容易发生裂纹萌生扩展，加剧 PMMCs/Mg 的棘轮行为。而随着层厚比的增加，变形过程中的流变应力增大，Mg 合金层的协调变形减弱，随着应变的增大，大层厚比 PMMCs/Mg 中 PMMCs 层内更容易产生大应力集中，加速裂纹的萌生和扩展，加剧 PMMCs/Mg 的棘轮行为。

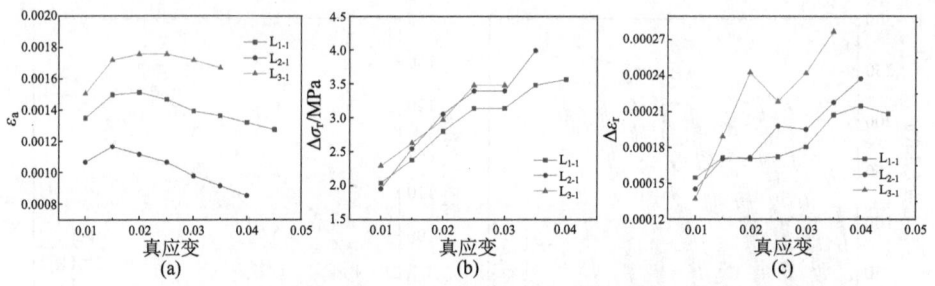

图 6-25　不同层厚比层状 PMMCs/Mg 循环完全卸载再加载行为
(a) 滞弹性应变；(b) 再屈服效应；(c) 棘轮应变

6.6　小　　结

(1) PMMCs/Mg 的拉伸和弯曲强度随层数的增加略有下降，而拉伸伸长率明显提高；PMMCs/Mg 内层 Mg 的纳米硬度值呈现先降低后提高的趋势。

(2) 随层厚比的增加，PMMCs/Mg 的拉伸和弯曲强度不断提高，而是以牺牲塑性为代价的；随层厚比的增加，Mg 层分担 PMMCs 层更多的应力，内层 Mg 层的纳米硬度值不断提高。

(3) 随着层数的增加，PMMCs/Mg 的加工硬化率降低，这是由于 PMMCs 含量的减少，颗粒含量有所降低，位错密度下降。在动态回复阶段，随层数的增加，PMMCs/Mg 的位错增殖速度提高，位错回复效率下降；随着层厚比的增加，PMMCs/Mg 的加工硬化率先降低后提高。在动态回复阶段，PMMCs/Mg 的位错增殖速度、位错回复效率都先降低后提高。

(4) 在应力松弛实验中，随着层数的增加，PMMCs/Mg 在加载过程中的应变能降低，在松弛阶段的位错回复效率降低，松弛极限和应力下降速率降低；随着层厚比的增加，PMMCs/Mg 中 PMMCs 含量增加，位错增殖速度提高，加载过程中的应变能提高，促进了软化。

(5) 随着层数的增加，PMMCs/Mg 的背应力有所降低，滞弹性应变增加，棘轮应变减小，延迟了其在加载过程中的损伤；随着层厚比增加，PMMCs/Mg 的背应力明显提高，滞弹性应变呈现先减小后增大的趋势，再屈服效应增强，棘轮应变提高，加速了 PMMCs/Mg 的损伤。

参 考 文 献

[1] Lukáč P, Balík J. Kinetics of plastic deformation[J]. Key Eng. Mater., 1995, 97-98: 307-322.

[2] Zhao C, Li Z, Shi J, et al. Strain hardening behavior of Mg-Y alloys after extrusion process[J]. J. Magnes. Alloy, 2019, 7(4): 672-680.

[3] Zhang L, Deng K K. Microstructures and mechanical properties of SiC$_p$/Mg-xAl-2Ca composites collectively influenced by SiC$_p$ and Al content[J]. Mater. Sci. Eng.A, 2018, 725:510-521.

[4] Zhang J K, Wang C J, Fan Y D, et al. Effect of tip content on the work hardening and softening behavior of Mg-Zn-Ca alloy[J]. Acta Metallurgica Sinica (English Letters), 2024, 37(3): 551-560.

[6] Wang H, Lee S Y, Wang H, et al. On plastic anisotropy and deformation history-driven anelasticity of an extruded magnesium alloy[J]. Scripta Materialia, 2020, 176: 36-41.

[7] Couling S L, Pashak J F, Sturkey L. Unique deformation and aging characteristics of certain magnesium-base alloys[J]. Trans. ASM, 1959, 51(1): 94-107.

第7章 碳化硅增强镁基层状材料断裂行为

7.1 引　　言

第6章对PMMCs/Mg层状材料的室温变形行为进行了研究，层结构参数对复合板的变形行为有重要的影响。随着层数的增加，PMMCs/Mg的加工硬化能力有所下降，其在松弛阶段的松弛极限和应力松弛速率降低，软化得到了延缓。随着层数的增加，PMMCs/Mg的背应力有所下降。随着层厚比的增加，PMMCs/Mg的加工硬化率出现先降低后提高的趋势，更高含量的PMMCs加速了PMMCs/Mg的软化行为，其背应力随层厚比的增加显著提高。

先前对PMMCs的断裂行为做了大量研究，裂纹的萌生主要发生在颗粒与基体界面[1]。一方面，在加载过程中颗粒与基体不能协调变形导致界面处出现应力集中，从而使颗粒与基体发生脱粘，形成微裂纹。另一方面，在镁基复合材料热变形的过程中，硬质颗粒承受大量的应力，很容易发生颗粒的断裂，从而形成微裂纹。合金层的引入改善了PMMCs的成形性，通过对应力的再分配缓解PMMCs的应力集中，使PMMCs的轧制成形成为可能。为了进一步揭示PMMCs/Mg的力学行为，本章对其断裂行为进行研究，探讨层结构参数对裂纹萌生和扩展的影响规律。

7.2 层数对PMMCs/Mg断裂行为的影响

7.2.1 PMMCs/Mg在加载过程中的应力演化

层状PMMCs/Mg的断裂行为与各层的应力、应变有关。为了探究其在拉伸变形过程中的应力演化过程，对L_{23}在不同应变量下的内层Mg合金的纳米硬度进行了测试，结果如图7-1所示。随着应变的增加，内层Mg合金的纳米硬度不断增加，而当应变达到9.5%时，PMMCs/Mg发生断裂，Mg合金层的纳米硬度略有下降。

图7-2为PMMCs/Mg室温变形后的TEM组织图，其中图7-2(a)为室温拉伸

变形后 Mg 合金层的 TEM 组织，从图 7-2(a)可知，在拉伸变形过程中，Mg 合金层发生塑性变形，位错滑移开动，位错不断向晶界附近运动并产生位错塞积，晶界附近形成高密度位错区。图 7-2(b)为室温拉伸变形后 PMMCs 层的 TEM 组织，可发现 SiC_p 附近的基体中存在大量位错塞积。在拉伸变形过程中，因 SiC_p 与基体变形不协调，在 SiC_p 附近容易产生应力集中，从而诱发位错产生。在拉伸变形过程中，位错在 SiC_p 与基体界面处开动，位错运动在 SiC_p 处受阻，产生位错塞积，从而导致 PMMCs 层内部应力增大。

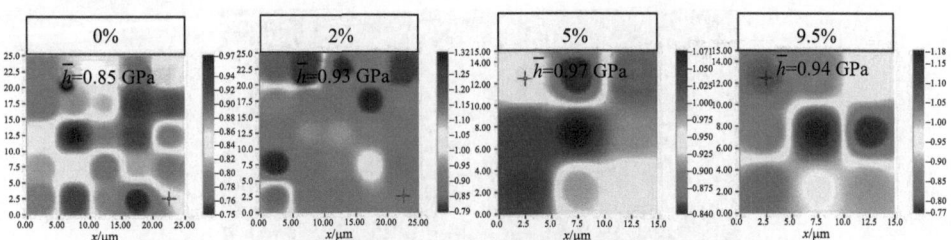

图 7-1 不同应变量下 L_{23} 内层 Mg 合金的纳米硬度

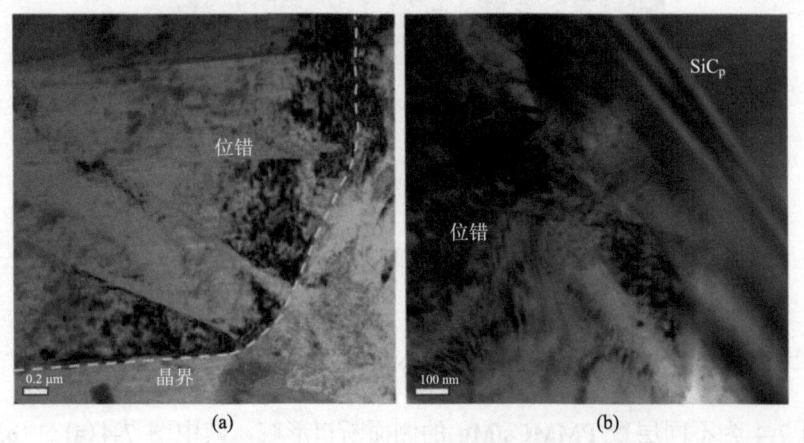

图 7-2 PMMCs/Mg 室温拉伸变形后的 TEM 组织
(a) Mg 合金层；(b) PMMCs 层

在拉伸变形初期，Mg 合金层纳米硬度随应变量的增加不断提高，这主要与两方面因素有关。一方面，Mg 合金层在拉伸过程中自身发生塑性变形，位错不断产生、开动，在晶界附近塞积，位错密度不断增加，故其硬度有所提高。另一方面，随着拉伸的进行，PMMCs 层内部 SiC_p 与基体变形不协调产生应力集中，导致 PMMCs 层产生高应力。Mg 合金层通过界面不断转移 PMMCs 层的高应力，其应力水平也会因此而提高，纳米硬度随之增大。在拉伸变形后期，Mg 合金层纳米硬度的下降可能与位错的湮灭和微裂纹的产生有关。随着拉伸变形的进行，位错的交滑移启动，异号位错相互抵消，导致位错密度下降，从而降低了 Mg 合金层的硬度。此外，随着拉伸变形的进行，PMMCs 层内部 SiC_p 与基体的应力集中程度加剧，SiC_p 与基体界面产生微裂纹，如图 7-3 所示。微裂纹的产生消耗了 PMMCs 层的高应力，Mg 合金层分担 PMMCs 层的应力减少，硬度有所下降。

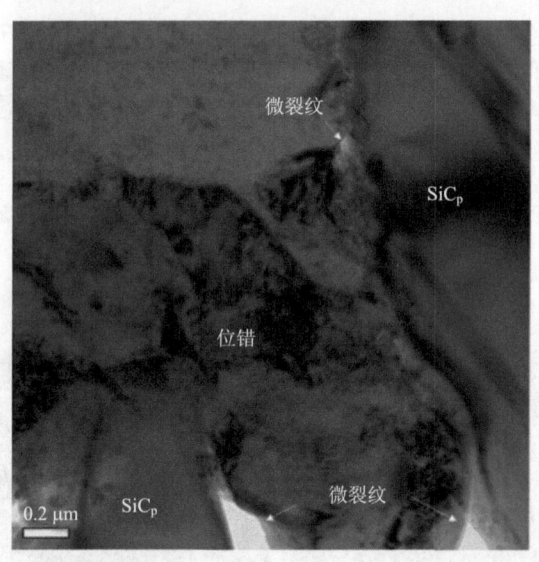

图 7-3　PMMCs/Mg 室温拉伸变形后 PMMCs 层的 TEM 组织

7.2.2　不同层数 PMMCs/Mg 拉伸断口分析

图 7-4 为不同层数 PMMCs/Mg 的侧面断口形貌，其中图 7-4(a)、(b)、(c) 分别为 L_5、L_{11}、L_{23} 的侧面断口。从图可知，L_5 的侧面断口呈现 V 形，L_{11} 的侧面断口呈现 W 形，L_{23} 呈现出平直的侧面断口，这说明层数的增加对 PMMCs/Mg 裂纹扩展行为有重要影响。

为了进一步分析不同层数 PMMCs/Mg 裂纹扩展行为，有必要对断口附近的显微组织进行分析。图 7-4(d) 为图 (a) 中虚方框位置的放大区域，可以看到 PMMCs 层和 Mg 合金层结合良好，在拉伸过程中并未出现界面的开裂。此外，可以在图 7-4(d) 中观察到 PMMCs 层内贯穿式的裂纹，但裂纹的扩展被相邻的

Mg 合金层阻碍，并未贯穿 PMMCs/Mg。这说明软质 Mg 合金层的引入影响了 PMMCs/Mg 的裂纹扩展行为，Mg 合金层可以吸收裂纹扩展的能量，钝化裂纹尖端，阻碍裂纹扩展，从而延缓 PMMCs/Mg 断裂，提高其断裂韧性。当层数增加到 11 层，PMMCs 层与 Mg 合金层结合状况良好，未在层界面处观察到明显的宏观裂纹。然而，PMMCs 层较薄的区域承受应力的能力必然有所下降。随着层数增加到 23 层，PMMCs 含量下降，Mg 合金含量有所提高，Mg 合金层在成形过程中协调变形的能力增强，PMMCs 层在轧制成形过程中的应力可被有效缓解，因此，L_{23} 的层界面较为平直，层界面处未出现裂纹。

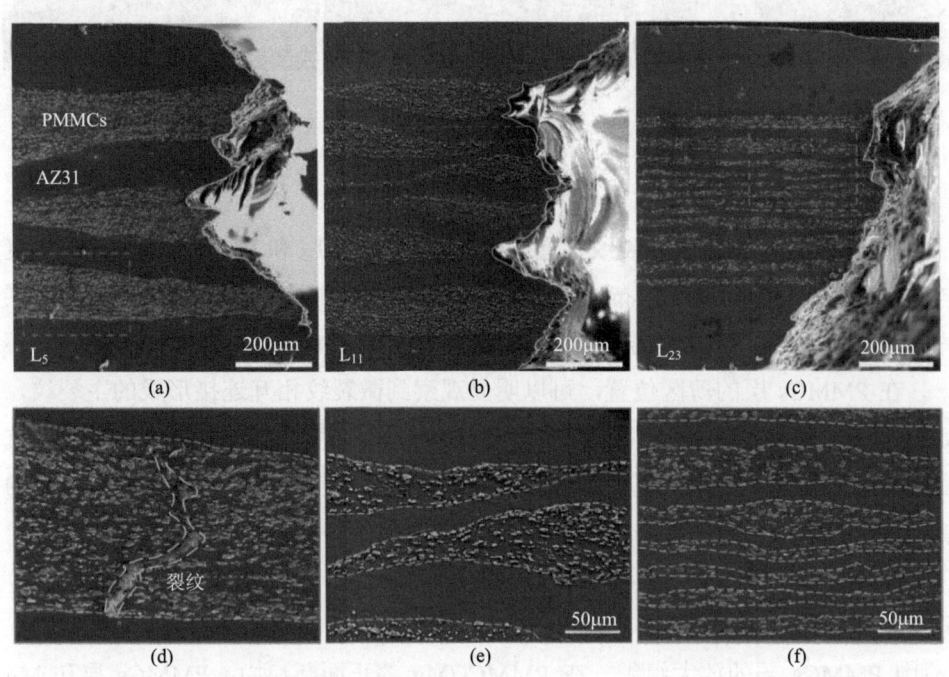

图 7-4　不同层数 PMMCs/Mg 的侧面拉伸断口形貌
(a)、(d) L_5；(b)、(e) L_{11}；(c)、(f) L_{23}

图 7-4 中不同层数 PMMCs/Mg 均未在层界面处观察到明显的裂纹，说明裂纹的萌生并未出现在层界面，而是发生在 PMMCs 内部颗粒与基体的界面，为了探究层数对 PMMCs/Mg 裂纹萌生行为的影响，对 L_5、L_{11} 和 L_{23} 侧面断口附近 PMMCs 层内裂纹萌生的位置进行了 SEM 观察，如图 7-5 所示，其中图 7-5(a)、(b)、(c) 分别对应 L_5、L_{11}、L_{23} 的显微组织。由图可知，不同层数 PMMCs/Mg 裂纹的萌生

均发生在 PMMCs 层内部，裂纹的萌生机制主要分为两种。一方面，在加载过程中颗粒与基体变形不协调，容易在界面处产生应力集中，为裂纹的萌生创造了条件。另一方面，PMMCs/Mg 在轧制变形过程中会出现 SiC$_p$ 破碎的现象，也会诱发裂纹的萌生和扩展。

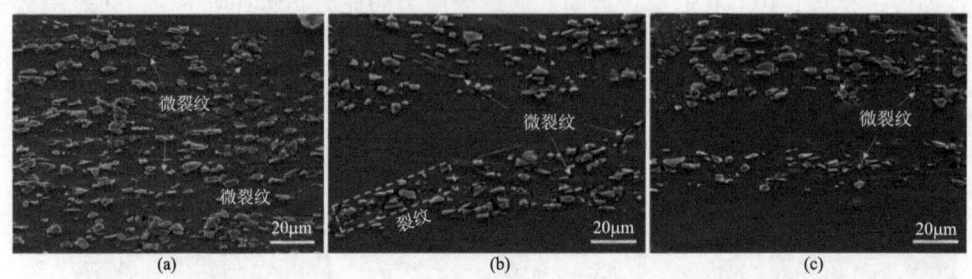

图 7-5 不同层数 PMMCs/Mg 拉伸过程中的裂纹萌生机制
(a) L$_5$；(b) L$_{11}$；(c) L$_{23}$

不同层数 PMMCs/Mg 裂纹扩展的位置有所差别。L$_5$ 和 L$_{23}$ 层界面的波纹程度较低，PMMCs 层的厚度分布相对比较均匀，裂纹萌生的位置一般在 PMMCs 层内部。而对于 L$_{11}$ 而言，其层界面波纹程度大，PMMCs 层沿轧制方向分布薄厚不一，在 PMMCs 层的薄区位置，可以明显观察到微裂纹相互连接形成的主裂纹，如图 7-5(b) 黄色方框所示。对于 PMMCs 层而言，厚度的增加使 PMMCs 层抵抗变形的能力增强，能承受更大的应力。而 PMMCs 层较薄的区域，其承载应力的能力弱，裂纹一旦萌生就会迅速互相连接成主裂纹并沿界面扩展。

图 7-6 为不同层数 PMMCs/Mg 的正面断口形貌，其中图 7-6(a)、(b)、(c) 分别为 L$_5$、L$_{11}$、L$_{23}$ 的正面断口形貌，图 7-6(d)、(e)、(f) 分别为图 (a)、(b)、(c) 中 PMMCs 层的放大组织。在 PMMCs/Mg 的正面断口中，PMMCs 层和 Mg 合金层的断口形貌存在明显差别，在 Mg 合金层内可以观察到大量的韧窝，在 PMMCs 层内 SiC$_p$ 周围存在微裂纹，进一步证实 PMMCs 层内 SiC$_p$ 脱粘产生微裂纹是其裂纹萌生的主要原因。此外，在 PMMCs/Mg 的正面断口中可以观察到层界面处出现裂纹。一方面，PMMCs 层内产生的裂纹扩展到层界面处发生偏转，沿层界面扩展。另一方面，层界面的开裂可吸收裂纹扩展的能量，钝化裂纹尖端，防止裂纹直接贯穿 PMMCs/Mg，从而延迟 PMMCs/Mg 的断裂，提高韧性。

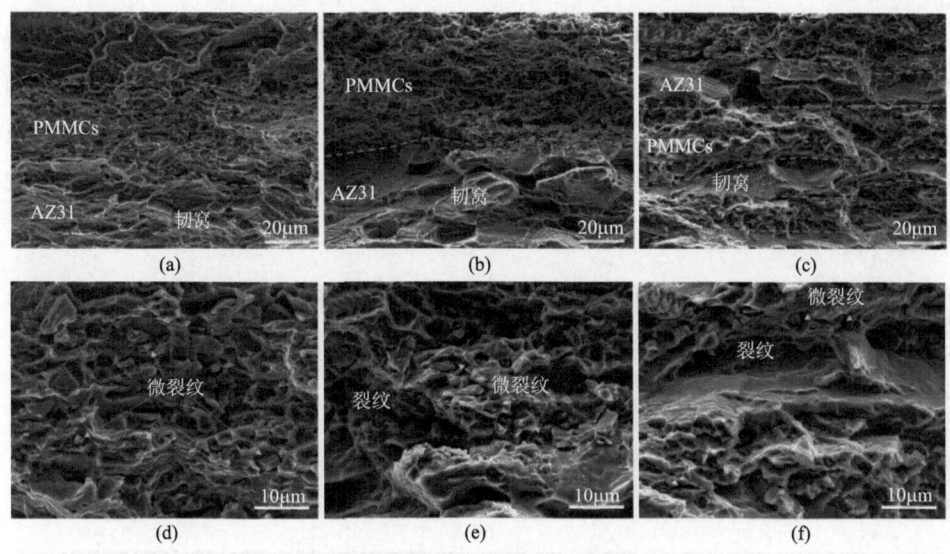

图 7-6 不同层数 PMMCs/Mg 的正面拉伸断口形貌

(a)、(d) L_5; (b)、(e) L_{11}; (c)、(f) L_{23}

7.2.3 不同层数 PMMCs/Mg 弯曲断口分析

为了更好地理解不同层数 PMMCs/Mg 的断裂行为，对其进行三点弯曲实验，其 PMMCs/Mg 弯曲加载后的 SEM 组织如图 7-7 所示，其中，图 7-7(a)、(b)、(c) 分别为 L_5、L_{11}、L_{23} 弯曲后的显微组织。从图可知，经过弯曲加载后，L_5 发生了断裂，而 L_{11} 和 L_{23} 具有较高的弯曲韧性，并未发生断裂。随着层数的增加，PMMCs/Mg 中 PMMCs 的含量和厚度降低，PMMCs 层承受的应力减小，而 Mg 合金层含量和厚度提高，通过协调变形缓解 PMMCs 层应力的能力增强，因此，PMMCs/Mg 具备更高的弯曲韧性。

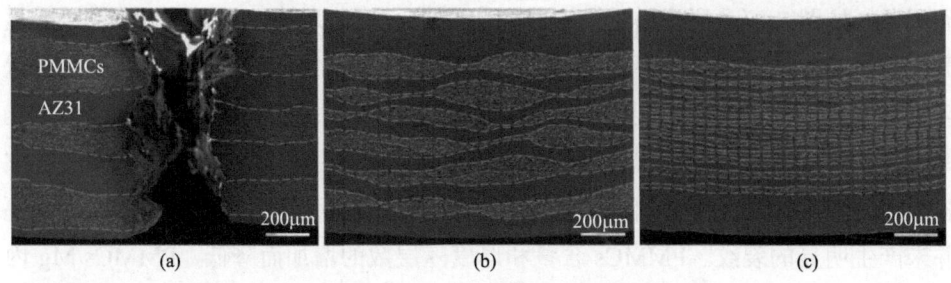

图 7-7 不同层数 PMMCs/Mg 弯曲加载后的侧面显微组织

(a) L_5; (b) L_{11}; (c) L_{23}

如前所述，PMMCs/Mg 在拉伸加载过程中，裂纹在 PMMCs 层中萌生，当裂纹扩展至层界面处受阻，从而延迟了断裂。与拉伸相比，PMMCs/Mg 在三点弯曲加载过程中所处的应力状态发生了改变，其上端主要受压应力作用，下端受到拉应力作用。为了更全面地理解 PMMCs/Mg 的断裂机制，对 PMMCs/Mg 弯曲加载后裂纹萌生的位置进行了 SEM 观察，如图 7-8 所示。

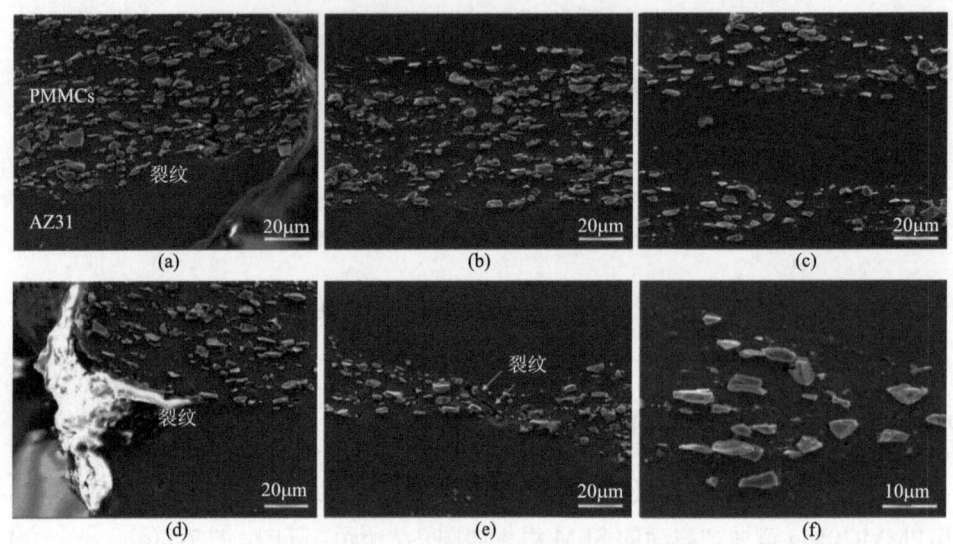

图 7-8 不同层数 PMMCs/Mg 弯曲加载中的裂纹萌生机制
(a)、(d) L_5；(b)、(e) L_{11}；(c)、(f) L_{23}

图 7-8(a) 和 (d) 为 L_5 弯曲后的显微组织，在断口附近可以观察到明显的裂纹，裂纹在 PMMCs 层萌生，在扩展过程中受到层界面的阻碍。此外，因 PMMCs/Mg 在三点弯曲实验中所处的应力状态与拉伸试验有所差别，层界面会发生明显的开裂现象，如图 7-8(d) 所示。图 7-8(b) 和 (e) 为 L_{11} 弯曲后 PMMCs 层不同位置的显微组织，在 PMMCs 层较厚的位置未发现明显的裂纹，而在 PMMCs 较薄的位置可以观察到裂纹的存在，裂纹在此萌生并相互连接形成主裂纹，说明与 PMMCs 厚区相比 PMMCs 薄区承载应力的能力较差，容易产生更多的应变，从而使裂纹容易在 PMMCs 薄区萌生。图 7-8(c) 和 (f) 为 L_{23} 弯曲后的显微组织，弯曲后的 L_{23} 并未产生明显的裂纹。PMMCs 含量和厚度随层数的增加而降低，PMMCs/Mg 内部的应力集中程度有所下降，并且 Mg 合金层层数和含量有所增加，在与 PMMCs 层协调变形过程中分担应力的能力增强，因此，降低了 PMMCs/Mg 内的应力集

中程度，延迟其断裂。

7.3 层厚比对 PMMCs/Mg 断裂行为的影响

7.3.1 不同层厚比 PMMCs/Mg 拉伸断口

图 7-9 为不同层厚比 PMMCs/Mg 拉伸后的侧面断口形貌。其中，图 7-9(a)、(b)、(c)分别为 L_{1-1}、L_{2-1}、L_{3-1} 的侧面断口，图 7-9(d)、(e)、(f)为图(a)、(b)、(c)中方框区域的放大组织。不同层厚比 PMMCs/Mg 的拉伸断口呈现出不同的特征，L_{1-1} 的侧面拉伸断口呈现出 W 形，L_{2-1} 和 L_{3-1} 的侧面拉伸断口呈现 V 形。

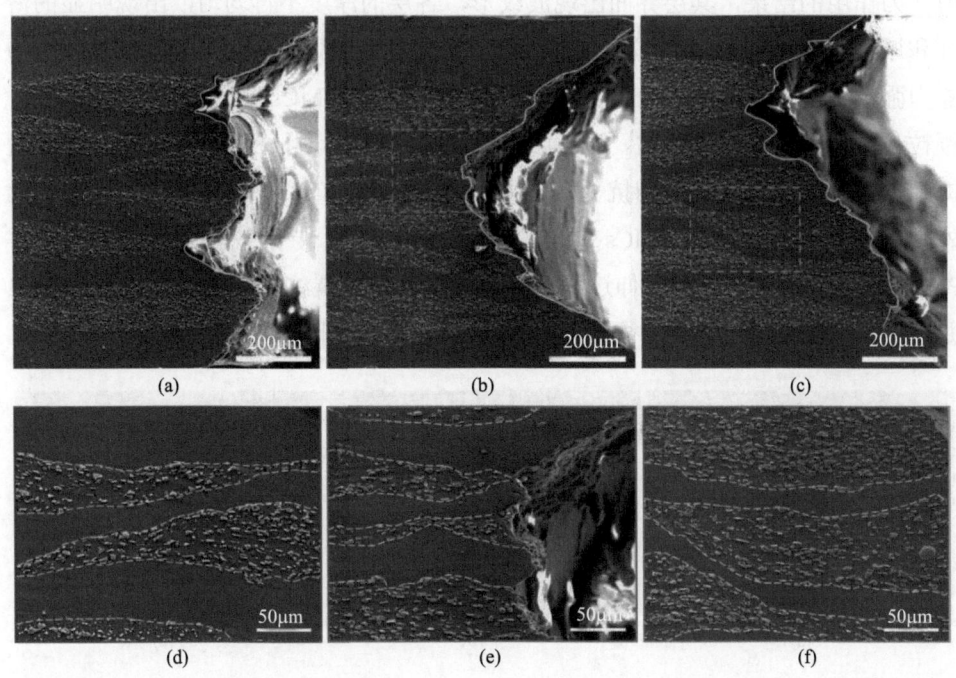

图 7-9 不同层厚比 PMMCs/Mg 的侧面拉伸断口形貌
(a)、(d) L_{1-1}；(b)、(e) L_{2-1}；(c)、(f) L_{3-1}

PMMCs/Mg 的断裂行为主要与裂纹的萌生和扩展行为有关。如上所述，PMMCs/Mg 内裂纹萌生主要发生在 PMMCs 层内，颗粒与基体界面脱粘、颗粒破碎使 PMMCs 层内产生微裂纹，这些微裂纹相互连接形成主裂纹从而贯穿整个 PMMCs/Mg，最终致其失效。一方面，层厚比的增加改变了 PMMCs/Mg 内 PMMCs

和 Mg 合金的含量和厚度，从而对其拉伸过程中各层的协调变形行为和应力分配行为产生影响。另一方面，层厚比的增加对 PMMCs/Mg 层界面的形态有所影响，其不同位置对应力的承载能力也有所不同，从而对裂纹的萌生和扩展产生影响。从图 7-9(d)、(e)、(f)可知，L_{1-1} 和 L_{2-1} 的层界面呈波纹形，在 PMMCs 层出现明显的厚区和薄区。L_{3-1} 的层界面较为平直，PMMCs 层的厚度较为均匀。

为了进一步分析层厚比对 PMMCs/Mg 断裂行为的影响，对拉伸断口附近位置进行了 SEM 扫描分析，结果如图 7-10 所示，其中，图 7-10(a)、(b)、(c)分别为 L_{1-1}、L_{2-1}、L_{3-1} 裂纹萌生位置的 SEM 组织。由图可知，L_{1-1} 和 L_{2-1} 的裂纹主要在 PMMCs 层的薄区处。PMMCs 层薄区的产生是 PMMCs/Mg 在轧制成形过程中剪切力作用的结果，其层界面出现波纹形，各层的厚度不再均匀，出现明显的薄区和厚区。PMMCs/Mg 裂纹主要在 PMMCs 层内萌生，而 PMMCs 厚区承载应力能力强，PMMCs 薄区承载应力能力弱，因此，在 PMMCs 薄区产生更大的应变，颗粒与基体界面更容易脱粘。而当层厚比增加到 3∶1 时，PMMCs 层厚度和含量提高，在轧制成形过程中的抗变形能力增强，因此，L_{3-1} 的层界面相对平直。此外，层厚比的增加使 PMMCs 层含量增加，PMMCs 层承载应力的能力增强，PMMCs 层厚度均匀，在拉伸过程中各层变形均匀，裂纹在 PMMCs 层内部萌生并扩展，当裂纹扩展至层界面处时受到 Mg 合金层的阻碍。

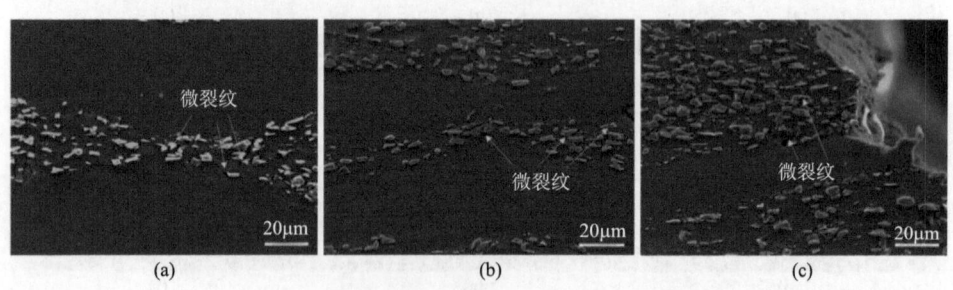

图 7-10　不同层厚比 PMMCs/Mg 拉伸过程中的裂纹萌生机制
(a) L_{1-1}；(b) L_{2-1}；(c) L_{3-1}

图 7-11 为不同层厚比 PMMCs/Mg 在拉伸加载后的正面断口形貌，其中，图 7-11(a)、(b)、(c)分别为 L_{1-1}、L_{2-1}、L_{3-1} 的正面拉伸断口，图 7-11(d)、(e)、(f)为图(a)、(b)、(c)中对应的 PMMCs 层放大组织。在 PMMCs/Mg 正面断口可清晰观察到 PMMCs 层和 Mg 合金层。PMMCs 层和 Mg 合金层的断口形貌明显不同，

Mg 合金层内出现了大量的韧窝，而 PMMCs 层内可以观察到大量的 SiC$_p$。由图 7-11(d)、(e)、(f)可知，层界面处发生了明显的开裂，一方面，说明在层界面为裂纹扩展提供了天然的通道。另一方面，PMMCs/Mg 在拉伸变形的过程中可通过层界面的开裂消耗 PMMCs 层裂纹扩展的能量，钝化裂纹尖端，延迟 PMMCs/Mg 的断裂。此外，在 PMMCs 层的 SiC$_p$ 附近出现了大量微裂纹，说明裂纹的萌生主要源于拉伸过程中颗粒与基体变形不协调，以及颗粒与基体的界面脱粘。

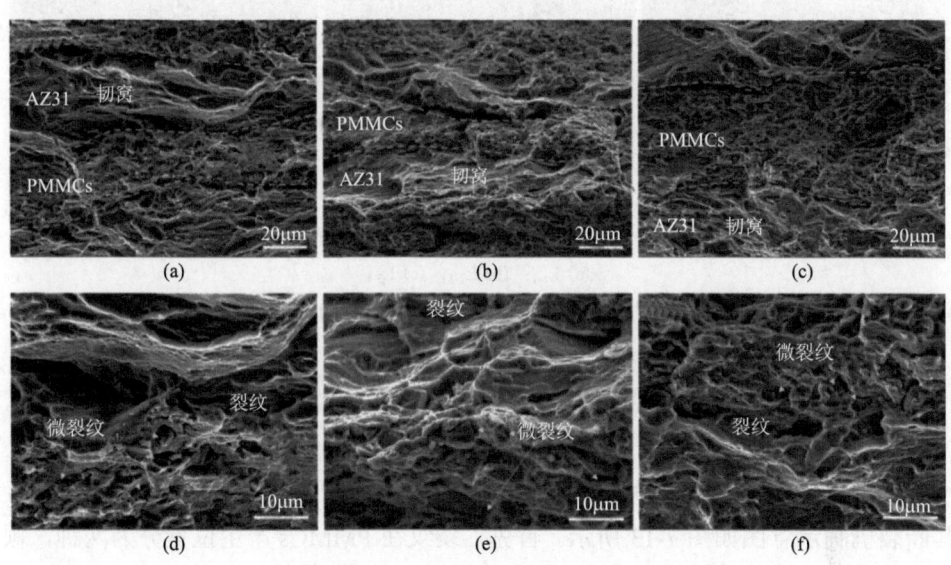

图 7-11 不同层厚比 PMMCs/Mg 的正面拉伸断口形貌
(a)、(d) L$_{1-1}$；(b)、(e) L$_{2-1}$；(c)、(f) L$_{3-1}$

7.3.2 不同层厚比 PMMCs/Mg 弯曲断口

为了进一步研究层厚比对 PMMCs/Mg 断裂行为的影响，对不同层厚比 PMMCs/Mg 进行了弯曲实验，L$_{1-1}$、L$_{2-1}$、L$_{3-1}$ 弯曲加载后的侧面显微组织如图 7-12(a)、(b)、(c)所示。经过弯曲加载后，L$_{1-1}$ 和 L$_{2-1}$ 表现出良好的弯曲韧性，在 PMMCs/Mg 内部和层界面处都未观察到明显的裂纹。而 L$_{3-1}$ 则在弯曲加载过程中发生了断裂，可见当层厚比增加到 3∶1 时其弯曲韧性明显下降。PMMCs/Mg 由 PMMCs 层和 Mg 合金层交替堆叠，通过热挤压和热轧制复合而成。层厚比的增加使 PMMCs/Mg 中 PMMCs 含量明显增加，而 Mg 合金含量降低，PMMCs/Mg 的弯韧性有所下降。此外，PMMCs/Mg 内 Mg 合金层对缓解 PMMCs 层的应力集中有重要作用，层厚比的增加必然导致 PMMCs 层内应力集中程度加剧，而 Mg 合金层含量的降低使其分担应力的能力减弱，因此，层厚比增加使 PMMCs/Mg 的韧性降低，裂纹在 PMMCs 层萌生后迅速贯穿整个 PMMCs/Mg，最终导致其断裂失效。

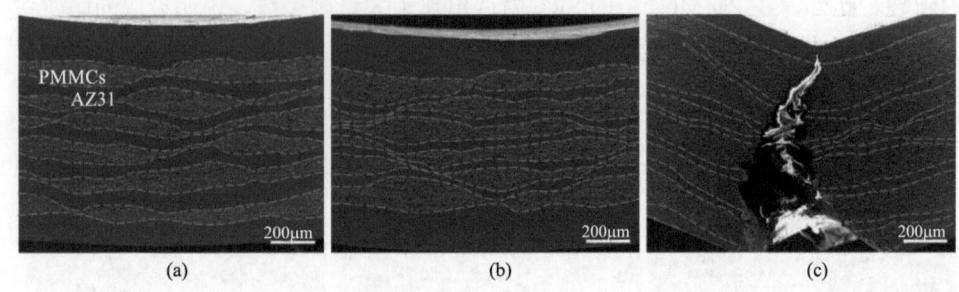

图 7-12 不同层厚比 PMMCs/Mg 弯曲加载后的侧面显微组织
(a) L_{1-1}；(b) L_{2-1}；(c) L_{3-1}

7.4 PMMCs/Mg 的断裂机制分析

基于上述分析，PMMCs/Mg 在拉伸过程中，优先在 PMMCs 层中萌生微裂纹，其断裂机制示意图如图 7-13 所示。首先，裂纹在 PMMCs 产生位置分为两种，颗粒密集区应力集中大，易发生界面脱粘；其次是破碎的颗粒之间也形成微裂纹。在颗粒处，裂纹扩展受到阻碍，当应力高于颗粒与基体的界面结合强度时，裂纹会沿着颗粒与基体界面扩展。随着拉伸应力的增加，在 PMMCs 层内多个位置处萌生裂纹，并沿垂直拉伸方向扩展，裂纹相遇后连接形成长裂纹，如图 7-13(b)、(c) 所示。当裂纹贯穿整个 PMMCs 层到达界面时，扩展在界面处受阻。当垂直拉伸方向的裂纹扩展受阻时，在平行于拉伸方向的主裂纹旁边产生新的微裂纹。新形成的裂纹也受到界面的限制，随着应力不断增大，裂纹宽度增大，并产生新的二次裂纹。如图 7-13(e) 所示，因 PMMCs 与 Mg 合金层界面结合强度高，裂纹不易沿着界面扩展。随着应力持续增加，裂纹贯穿 PMMCs 层，穿过层界面，沿 Mg 合金层扩展。

层状 PMMCs/Mg 的断裂行为与 PMMCs 含量、Mg 合金含量、层界面和 PMMCs 层与 Mg 合金层的协调变形行为有关，PMMCs 含量和 Mg 合金含量与 PMMCs/Mg

的构型设计有关，不同层结构 PMMCs/Mg 表现出不同的断裂行为。本章将分别讨论层数和层厚比对 PMMCs/Mg 断裂行为的影响，进一步揭示 PMMCs/Mg 的断裂机制。

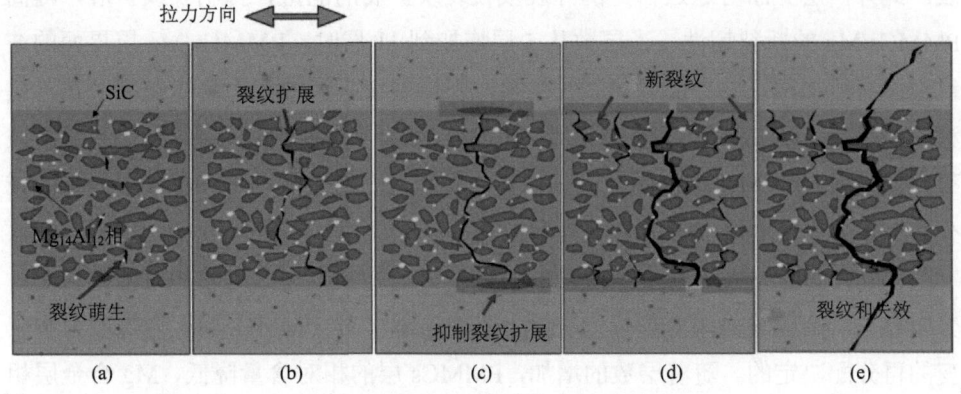

图 7-13 PMMCs/Mg 的断裂机制

7.4.1 层数对 PMMCs/Mg 断裂机制的影响

对于不同层数的 PMMCs/Mg 而言，在热变形前内层 PMMCs 与 Mg 合金的层厚比均为 1∶1，而 PMMCs 层始终比 Mg 合金层多一层，因此，当 PMMCs/Mg 的层数从 5 层增加到 11 层，以及由 11 层再增加到 23 层时，其内层 PMMCs 与 Mg 合金体积含量的比例分别为 3∶2、6∶5 和 12∶11，可见，随层数的增加，PMMCs/Mg 内 PMMCs 层和 Mg 合金层的比例越来越接近 1∶1，因此，PMMCs/Mg 中 PMMCs 的总含量是随着层数的增加而降低的，相应地，Mg 合金的含量随层数的增加而提高。

如上所述，层状 PMMCs/Mg 在拉伸变形过程中裂纹的萌生是从 PMMCs 中开始的，SiC_p 与 Mg 基体脱粘形成微裂纹是 PMMCs 层裂纹萌生的主要方式，而 Mg 合金层对 PMMCs 层的裂纹扩展有阻碍作用。通常来说，PMMCs 层的含量越高，厚度越大，在拉伸过程中 PMMCs 层应力集中的程度也越高，PMMCs 层内裂纹萌生和扩展的速度也越快，PMMCs/Mg 越容易发生断裂，这也是其断裂韧性随层数的增加而提高的原因。此外，Mg 合金层的含量随层数的增加而提高，对裂纹的阻碍作用也会增强，对 PMMCs/Mg 断裂的延迟效果也会愈加明显，有利于层状 PMMCs/Mg 韧性的提升。

层界面对层状 PMMCs/Mg 断裂行为的影响主要来源于层界面对裂纹扩展行为的阻碍作用。当 PMMCs 层中萌生的微裂纹扩展至 SiC$_p$ 与 Mg 合金层界面时，裂纹在层界面处发生偏转，裂纹尖端被层界面钝化，从而延迟 PMMCs/Mg 的断裂。此外，层界面可通过自身的开裂吸收裂纹扩展的能量，抑制裂纹扩展，提高 PMMCs/Mg 的断裂韧性。当层数从 5 层增加到 11 层时，PMMCs/Mg 层界面的波纹程度有所加剧，层界面钝化裂纹尖端，阻碍裂纹扩展的能力有所提高，在一定程度上提高其断裂韧性。当 PMMCs/Mg 的层数继续增加到 23 层时，层界面的波纹程度减弱，PMMCs/Mg 的断裂韧性却大幅提高，这主要与 PMMCs 层含量的减少和 Mg 合金层协调变形能力增强有关。

PMMCs 层与 Mg 合金层之间的协调变形能力主要与二者的相对含量和相对分布有关，两者的协调变形行为实际上是由层界面对 PMMCs/Mg 内部应力和应变的再分配决定的。随着层数的增加，PMMCs 层的相对含量降低，Mg 合金层相对含量提高，二者相对含量之比越接近 1∶1，PMMCs 层的应力集中程度有所下降，而 Mg 合金层相对含量增加使其能通过层界面转移更多的应力，自身发生更高的应变以缓解 PMMCs 层的应力集中，促进各层协调变形，从而降低 PMMCs 层的应力水平，延迟裂纹的萌生，提高 PMMCs/Mg 的断裂伸长率和损伤容限。此外，随着层数的增加，PMMCs/Mg 的层界面数量增大，合金层通过层界面转移 PMMCs 层应力的效率提高。尤其是当层数增加到 23 层时，PMMCs 层内应力集中一旦产生，可通过层界面转移至 Mg 合金层，缓解 PMMCs 层的应力集中，从而使整个 PMMCs/Mg 内部的应力分布更加均匀，抑制微裂纹的萌生，阻碍裂纹扩展，提高其韧性。

7.4.2 层厚比对 PMMCs/Mg 断裂机制的影响

与层数有所不同，层厚比并未改变 PMMCs/Mg 中层界面的数量，层厚比的改变主要影响 PMMCs/Mg 内 PMMCs 层和 Mg 合金层的相对含量和厚度。随着层厚比的增加，PMMCs 层的含量逐渐提高，PMMCs 层在变形过程中的应力集中程度加剧，而 Mg 合金层的含量不断下降，分担 PMMCs 层应力的能力降低。因此，随层厚比的增加，PMMCs/Mg 的断裂伸长率有所降低。

如上所述，裂纹萌生主要发生在 PMMCs 层，其萌生方式主要为 SiC$_p$ 与 Mg 基体界面脱粘。Mg 合金层的存在可以有效缓解 PMMCs 层的应力，延迟 PMMCs 层裂纹的萌生。因此，随层厚比的增加，PMMCs 层的应力集中程度加剧，Mg 合金层分担应力的作用减弱，裂纹更容易在 PMMCs 层萌生。

在拉伸变形过程中，Mg 合金层不仅能够分担 PMMCs 层应力、抑制裂纹萌生，还可以通过层界面偏转裂纹的扩展方向，钝化裂纹尖端，吸收断裂能，阻碍裂纹的扩展。随着层厚比的增加，PMMCs 层内应力集中增大，而 Mg 合金层的含量和厚度大幅下降，导致其阻碍裂纹扩展的能力随之降低，故 PMMCs 层内形成的主裂纹更容易穿过 Mg 合金层，导致 PMMCs/Mg 伸长率降低。

基于上述分析，层厚比对 PMMCs/Mg 断裂行为的影响机制如图 7-14 所示。不同层厚比 PMMCs/Mg，微裂纹均在 PMMCs 层中产生。伴随着 PMMCs 层与 Mg 合金层层厚比的增大，Mg 合金层厚度减小，对裂纹扩展的阻碍能力减弱，裂纹更容易穿过 Mg 合金层形成较为平直的断面。而当层厚比较小时，Mg 合金层较厚，对裂纹尖端的钝化能力强，致使裂纹难以穿过 Mg 合金层，故 PMMCs/Mg 断面呈"波浪状"。

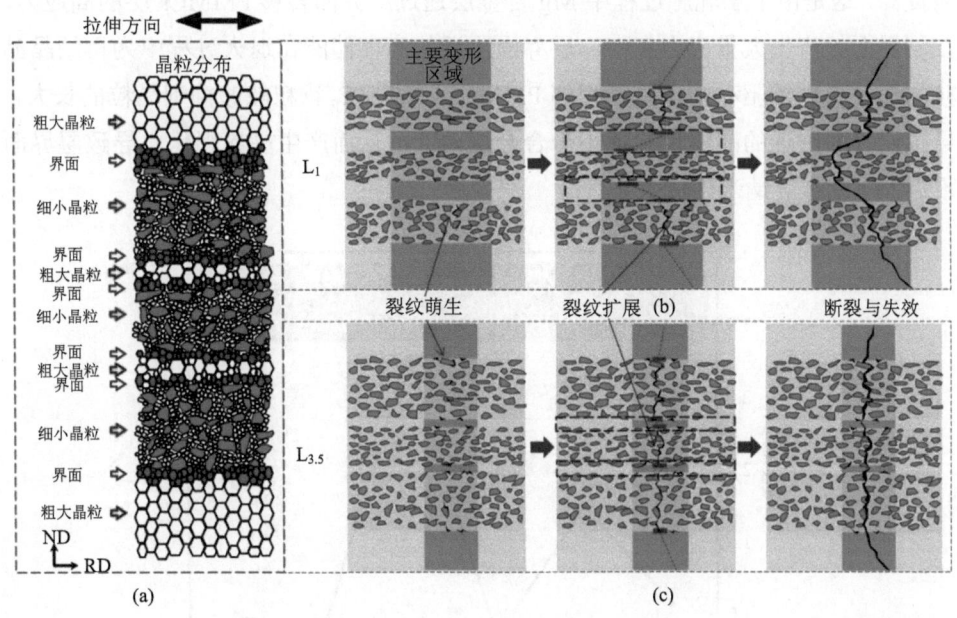

图 7-14 PMMCs/Mg 的断裂机制

(a)晶粒尺寸分布图；(b)L_1 断裂机制；(c)L_3 断裂机制

7.4.3 层界面对 PMMCs/Mg 断裂机制的影响规律

层界面对 PMMCs/Mg 断裂行为的影响主要与其自身波纹程度有关。波纹形层界面是在轧制变形过程中的剪切力的作用下形成的，层界面的波纹程度与PMMCs 层和 Mg 合金的含量和厚度有关，PMMCs 层对轧制变形的抵抗能力和 Mg 合金层分担 PMMCs 层应力的能力使不同层结构参数下的 PMMCs/Mg 的层界面形态有所差异。

如上所述，波纹层界面的存在可以有效偏转裂纹扩展方向，钝化裂纹尖端，提高 PMMCs/Mg 的断裂伸长率。此外，PMMCs/Mg 的侧面拉伸断口分析结果表明，层界面对裂纹的萌生机制也有所影响。为了理解层界面对 PMMCs/Mg 裂纹萌生机制的影响规律，有必要对拉伸变形过程中不同层界面位置的应力水平进行分析。根据层界面的波纹形态以及 PMMCs 层的厚度，将 PMMCs 层较厚、层界面向外凸起的区域称为波峰，PMMCs 层较薄、层界面向内凹陷的区域称为波谷。采用纳米压痕仪对不同层界面位置的合金层进行纳米硬度测试以研究层界面不同位置的应力水平。纳米硬度的测试结果如图 7-15 所示，层界面附近的纳米硬度明显提高，这是由于在轧制过程中 Mg 合金层通过层界面转移 PMMCs 层的高应力，在层界面处产生大量应力集中，层界面附近的高存储能在退火过程中为再结晶晶粒的形核提供了驱动力，并且相邻 PMMCs 层的 SiC$_p$ 颗粒能够抑制晶粒的长大，导致层界面附近的晶粒尺寸远小于合金层内部，从而产生晶界强化，导致层界面附近 Mg 合金层纳米硬度提高。

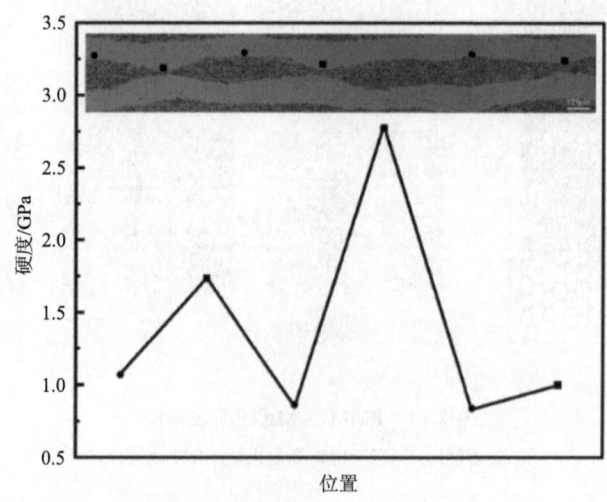

图 7-15 层状 PMMCs/Mg 不同层界面位置的纳米硬度测试结果

图 7-15 中不同波峰、波谷位置的纳米硬度测试结果表明，与波峰位置相比，

波谷位置明显具备更高的纳米硬度值，换言之，波谷位置在轧制过程中存在更严重的应力集中。高应力集中位置在变形过程中更容易诱发颗粒与基体界面的脱粘，产生微裂纹。因此，对于 PMMCs/Mg 而言，波纹层界面的波谷位置更容易萌生微裂纹。由于波谷位置 PMMCs 层较薄，微裂纹一旦在波谷位置产生就会迅速贯穿整个 PMMCs 层。此外，波谷位置的层界面波纹程度最为严重，为波谷位置处萌生裂纹的扩展提供了通道，裂纹沿波谷附近层界面扩展，裂纹的扩展方向发生偏转，层界面的开裂同时也消耗了裂纹扩展的能量，从而提高了 PMMCs/Mg 的韧性。

7.5 小　　结

（1）Mg 合金层可缓解拉伸变形过程中 PMMCs 层的应力集中，提高 PMMCs/Mg 的伸长率。随着应变的增加，Mg 合金层不断转移 PMMCs 层的应力，自身应力不断提高。

（2）PMMCs/Mg 的裂纹萌生行为主要发生在 PMMCs 层中，裂纹萌生的主要方式是颗粒与基体界面的脱粘。PMMCs 层和 Mg 层具有不同的断口形貌，PMMCs 层在拉伸过程中出现颗粒被拔出的现象，而 Mg 层内存在大量的韧窝。

（3）层界面存在使 PMMCs 层被萌生的主裂纹在扩展过程中在界面处发生偏转，钝化裂纹尖端，层界面通过自身开裂的方式消耗裂纹扩展的能量，防止裂纹迅速贯穿 PMMCs/Mg，提高其断裂韧性。

（4）PMMCs/Mg 在轧制成形后不同层界面位置的应力水平有所差异；波谷位置的 PMMCs 层厚度小，应力集中严重，裂纹更容易在波谷位置萌生。

参 考 文 献

[1] 张轩昌. 颗粒增强镁板的制备、显微组织及性能 [D]. 太原：太原理工大学，2020.

第8章 结论与展望

8.1 结 论

本书基于挤压复合的方式将 Mg 合金引入碳化硅颗粒增强镁基复合材料中,制备出 PMMCs/Mg 层状材料,探讨了其轧制成形行为,研究了轧制成形 PMMCs/Mg 层状材料的层界面、显微组织与力学性能,揭示了层结构对其力学性能、硬化与软化、断裂行为的影响规律。

(1)基于挤压复合成功制备出层界面结合良好的 PMMCs/Mg 层状材料,PMMCs/Mg 中复合材料层的硬度值高于内层合金,界面处的硬度值则介于两者之间,内层合金的硬度值高于外层合金;同直接挤压复合 PMMCs/Mg 层状材料相比,预固溶不仅有利于其内部动态析出大量细小的 $Mg_{17}Al_{12}$ 相,而且促使各层晶粒细化,赋予其更优异的 YS、UTS 和 EL。

(2)实现了 PMMCs/Mg 层状材料的轧制成形,其内部 Mg 层内存在未溶的第二相与析出的细小的第二相,PMMCs 层内存在大量析出的 $Mg_{17}Al_{12}$ 相;轧制 PMMCs/Mg 层状材料表现出典型的轧制织构,退火后,织构类型没有变化,织构强度有所降低,UTS 和 YS 略有降低,伸长率升高,随着退火时间的延长,其伸长率升高,但 YS 和 UTS 变化不大。

(3)基于层厚比、层数两个层结构参数实现了 PMMCs/Mg 层状材料轧制成形性的有效调控,变形程度大的层呈现出更高的硬度;层厚比的提高有利于 PMMCs/Mg 强度的提升,导致 EL 降低;比较而言,层数的增加更有利于 PMMCs/Mg 强度和伸长率的协同提升。

(4)与挤压复合相比,经轧制后 PMMCs 层与 Mg 层界面由平直状变成波纹状;层厚比与层数的增大均有利于缓和层界面的波纹程度;因碳化硅颗粒对 Mg 基体 DRX 形核的促进作用和对晶界迁移的抑制作用,PMMCs 层的晶粒尺寸明显小于 Mg 层;相比于 PMMCs 层,层结构参数对 Mg 层晶粒尺寸影响更大。

(5)随层数的增加,Mg 层纳米硬度值呈现先降低后提高的趋势,PMMCs/Mg 的加工硬化能率、松弛极限和应力下降速率、背应力降低,棘轮应变减小,加载过程中的损伤延迟；随层厚比增大，Mg 层纳米硬度值不断提高，PMMCs/Mg 的加工硬化率、滞弹性应变均呈现出先降低后提高的趋势，棘轮应变增大，加载过程中的损伤增大。

（6）PMMCs/Mg 的裂纹萌生于 PMMCs 层内颗粒与基体界面的脱粘，层界面存在使 PMMCs 层被萌生的主裂纹在扩展过程中在界面处发生偏转，钝化裂纹尖端，层界面通过自身开裂的方式消耗裂纹扩展的能量，防止裂纹迅速贯穿 PMMCs/Mg，提高其断裂韧性；层结构参数的改变使 PMMCs/Mg 在轧制成形后波纹层界面不同位置处应力水平有所差异，波谷位置的 PMMCs 层厚度小，应力集中严重，裂纹更容易在波谷位置萌生。

8.2 展　　望

本书作者在 PMMCs/Mg 层状材料的断裂行为研究中发现，裂纹优先在 PMMCs 层内硬质颗粒处萌生，可见仅依靠层状构型难以缓解 PMMCs 内的应力集中。主要原因还在于硬质增强体与基体的变形不匹配。若增强体能够发生塑性变形，是否会减少应变集中，增强塑性呢？基于此思路，以金属为增强体的镁基复合材料逐渐步入研究者的研究视野。目前可用的金属增强体主要有 Ti、Cu 和 Ni 等。相比于 Cu（约 8.96g/cm^3）和 Ni（约 8.9g/cm^3），Ti 的密度最低（仅为约 4.5 g/cm^3）且与 Mg 不发生界面反应。鉴于此，为充分发挥镁基体的轻质优势，研究者一般选用 Ti 作为镁基复合材料的增强体。近年来，以 Ti 颗粒作为增强体，研究者通过喷射沉积、粉末冶金和搅拌铸造等工艺制备出多种 Ti 颗粒增强镁基复合材料，基于 Ti 颗粒的尺度（纳米、微米）、形状（不规则、球状）、体积分数、变形工艺等调控，可使镁基复合材料的塑韧性得以大幅改善，然而其屈服强度（YS）和抗拉强度（UTS）一般分别在约 150~300MPa 和约 200~380MPa，相比于常规陶瓷相增强镁基复合材料，强化优势并不突出。如何在充分发挥 Ti 增塑/韧的同时，提升其对镁基体的强化效果，已成为研究者关注的重点问题。

基于本书 PMMCs/Mg 层状构型的思想，本书作者所在研究团队尝试将微米 Ti 颗粒引入 Mg 合金中，通过挤压变形的方式实现了 Ti 颗粒沿挤压方向的定向伸长，制备出 Ti/Mg 类层状材料，如图 8-1 所示，研究发现：在伸长率与基体合金接近的情况下，Ti/Mg 类层状材料的 YS 和 UTS 可分别达约 432MPa 和约 464MPa，比基体合金提高了约 30%，达约 100MPa，赋予了镁基复合材料更为优异的强韧性。

与现有 Ti 颗粒增强镁基复合材料相比，本书作者所在研究团队基于 Ti 颗粒构建的 Ti/Mg 类层状材料在保证伸长率的基础上，YS 和 UTS 得以大幅提升。可见，通过 Ti/Mg 类层状结构的构建能够同时提高镁基体的强度和韧性，有望打破镁基复合材料强韧性的倒置关系。然而，与现有 Al 基和 Cu 基层状材料相比，Mg 基类层状材料的研究较少，因此关于其类层结构调控机制、层结构效应与强韧化机理等问题尚需进一步研究。该工作可为镁基层状材料的构建与制备提供一条新思路，对推动镁基层状材料的规模化工程应用的步伐，具有重要意义。

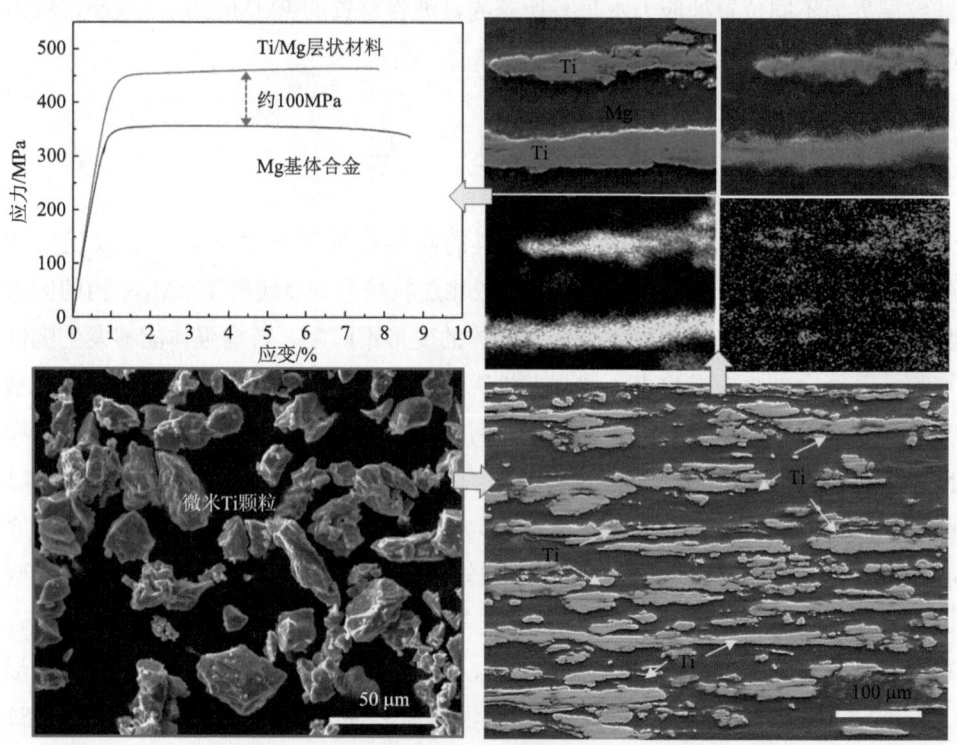

图 8-1　Ti/Mg 类层状材料的显微组织与拉伸性能